U0262956

空间电推进科学与技术丛书

霍尔推力器点火可靠性

Ignition Reliability of Hall Thrusters

魏立秋 李文博 李 鸿 于达仁 著

科学出版社

北 京

内 容 简 介

本书主要介绍霍尔推力器点火物理原理、物理过程、技术基础及可靠性评估方法等。全书分为8章：第1章介绍霍尔推力器的原理及点火过程的基础和基本概念，第2章为空心阴极点火启动过程，第3章为阴极原初电子参数分布随机性及其对点火过程的影响，第4章为霍尔推力器点火过程中的等离子体参数分布演化特性，第5章为霍尔推力器点火过程中的电流冲击，第6章为霍尔推力器点火启动边界，第7章为霍尔推力器点火可靠度实验评估方法，第8章为霍尔推力器在轨点火。

本书适合作为相关专业研究生教材或教学参考书，同时也可供电推进领域的工程技术人员和科研人员、高校相关专业的教师和学生、航天科技爱好者参考。

图书在版编目（CIP）数据

霍尔推力器点火可靠性 / 魏立秋等著. —北京：科学出版社，2023.1
（空间电推进科学与技术丛书）
ISBN 978-7-03-074638-2

Ⅰ. ①霍… Ⅱ. ①魏… Ⅲ. ①离子发动机—电推进
Ⅳ. ①V514

中国国家版本馆 CIP 数据核字（2023）第 018206 号

责任编辑：徐杨峰 / 责任校对：谭宏宇
责任印制：黄晓鸣 / 封面设计：殷 靓

科学出版社 出版

北京东黄城根北街 16 号
邮政编码：100717
http://www.sciencep.com

南京展望文化发展有限公司排版
苏州市越洋印刷有限公司印刷
科学出版社发行 各地新华书店经销

*

2023 年 1 月第 一 版 开本：B5（720×1000）
2023 年 1 月第一次印刷 印张：13 1/4
字数：260 000

定价：120.00 元
（如有印装质量问题，我社负责调换）

丛书序

喷气推进通过将工质流高速向后喷出,利用动量守恒原理产生向前的反作用力使航天器运动变化,在此过程中消耗质量和能量。根据能量供应的形式,喷气推进可以分为基于燃料化学能的化学推进和基于外部电能源的电推进。电推进的设想由俄国物理学家齐奥尔科夫斯基和美国物理学家罗伯特·戈达德分别在1902年和1906年提出,与传统化学火箭提出时间基本一致。但是由于其技术复杂性和空间电功率等限制,早期电推进的发展明显滞后于化学推进。20世纪50年代,美国和苏联科学家对电推力器进行了理论研究,论证了空间电推进的可行性,并开始了电推进技术的工程研究。1960~1980年是电推进技术成熟发展并开始应用的主要发展阶段,几位电推进的先驱者留下了探索的足迹。

空间飞行器对燃料消耗量非常敏感,推进器的比冲成为最重要的性能指标。化学推进受到推进剂焓能限制和耐高温材料的制约,比冲达到340 s水平后几乎再难以大幅度提升;电推进可以借助于外部电能,突破传统化学推进比冲的极限,目前已经很普遍地达到1 000~3 000 s的高比冲,并且远未达到其上限。

电推进由于其高比冲、微推力等主要特征,在长寿命卫星、深空探测、无拖曳控制等航天工程中正日益发挥极其突出的作用,成为航天推进技术的前沿,受到世界各国的重视;智慧1号探月卫星,隼鸟号、深空1号、全电推进卫星等的成功应用,标志着电推进技术逐渐走向成熟,在未来航天领域的重要性日益凸显;中国的电推进经过了漫长的发展储备期,在离子推进、霍尔推进、电弧推进、脉冲等离子体推进等方面取得了坚实的进展,2012年实践9号卫星迈出了第一个空间验证的步伐,此后实践13、实践17等卫星进入了同步轨道应用验证和工程实施阶段。

我国电推进的学术交流蓬勃发展,其深度、广度和影响力持续提高,电推进学会发展走入正轨,对促进电推进技术的知识共享、扩大影响、壮大队伍、加快技术进步发挥了巨大的作用。

在此背景下,我国电推进行业的发展和人才培养急需一套电推进技术领域的专业书籍,科学出版社和中国宇航学会电推进技术专业委员会合作推出了这套丛书,希望这套丛书的出版,对我国航天推进领域科学技术的发展起到推动作用。

　　丛书在编辑过程中得到北京控制工程研究所、上海空间推进研究所、兰州空间技术物理研究所、北京理工大学、北京航空航天大学、哈尔滨工业大学、中国空间技术研究院通信卫星事业部、航天工程大学、西安微电子技术研究所、合肥工业大学、上海交通大学等单位的大力支持,对此表示感谢。

　　由于电推进技术处于快速发展中,丛书所包括的内容来不及涵盖最新的进展,书中的不足之处在所难免,敬请广大读者和同行批评指正。

丛书编委会

2019 年 7 月

前　言

霍尔推力器具有推功比大、工作寿命长和结构简单等优势,已经成为国际上研究最多和应用最广的电推进装置。高可靠点火启动是霍尔推力器在轨安全运行的第一步,若点火失败,一切优化的性能参数都将失去意义。点火启动是发动机领域的重要研究方向之一,在其他相关发动机领域,如航空发动机中已经得到了深入系统的研究。电推进作为一种新兴的空间动力装置,未来在空间平台的爆发式应用必将牵引点火启动基础理论和工程技术的进一步发展。

本书基于作者近年来针对霍尔推力器点火过程及点火可靠度评估和提升的最新研究成果,对霍尔推力器的点火启动各阶段的工作特性,以及点火过程中的技术问题、点火可靠度的评估和提升方法等进行了系统总结。本书是电推进领域中首次对霍尔推力器点火过程及点火可靠度研究成果进行的系统梳理和总结,可以加深读者对霍尔推力器点火过程的理解,对于提升霍尔推力器系统的在轨点火可靠度和未来电推进应用的发展具有积极的促进作用。书中的一些相关技术已经在我国空间平台电推进系统飞行中得到了部分应用验证,希望本书的出版能够促进霍尔推力器和其他类型的等离子体推进装置的可靠性理论和工程应用技术的发展。

本书的主要内容包括霍尔推力器点火的物理原理、物理过程、技术基础及可靠性评估方法等,全书分为8章。第1章主要介绍霍尔推力器的原理及点火过程的基础和基本概念,为全书内容的理解提供基础。本书后续章节以霍尔推力器点火启动过程中的各个阶段展开论述,第2章着重分析空心阴极点火启动过程,对热阴极和冷阴极的启动过程、等离子体参数分布演化过程和阴极温度分布演化过程等进行分析。第3章从阴极原初电子的随机性,以及工作位置和磁场环境对点火过程的影响进行讨论。在此基础上,第4章和第5章着重分析阴极电子进入霍尔推力器放电通道后,点火过程中的等离子体参数分布演化特性,以及点火过程中的电流冲击形成机理和特性。为讨论霍尔推力器的点火可靠度问题,第6章引入点火裕度概念,讨论霍尔推力器点火启动边界并在第7章中结合可靠性问题,阐述点火参数及其变化对点火可靠度的影响,给出霍尔推力器点火可靠度实验评估方法。最后,在第8章中结合霍尔推力器的空间应用,开放性地探讨霍尔推力器在轨点火相关问题。

　　谨以此书献给十余年来关心和支持我的同仁、团队和合作伙伴。感谢杨子怡、李婧、高前、欧阳磊、韩星、刘晓宇、李晶晶、曾德迈、钟超、马浩宸、宋彦、刘泽欣等研究生在读期间的研究成果及在本书出版过程中付出的努力。在写作过程中，部分引用了同行的研究成果，在此一并表示感谢，特别感谢"空间电推进科学与技术丛书"编写委员会专家对本书内容和编写质量的审查和把关。

　　由于电推进技术发展迅速，霍尔推力器点火过程涉及的知识面较广，受限于作者的自身学识和水平，书中难免会出现疏漏和不足之处，也难免会出现以偏概全之误，恳请关心和关注我国电推进发展的各界专家、学者、工程技术人员和读者不吝批评指正。

魏立秋

2022 年 5 月 29 日

目 录

丛书序
前言

第1章 绪 论

1.1 霍尔推力器的概念及工作原理 ·················· 001

  1.1.1 历史起源 ·················· 001

  1.1.2 基本工作原理及现状 ·················· 002

  1.1.3 霍尔电推进系统组成及技术特点 ·················· 004

1.2 点火过程及阶段划分 ·················· 007

  1.2.1 点火过程 ·················· 007

  1.2.2 点火过程阶段划分 ·················· 008

1.3 高可靠点火在空间推进任务中的重要性 ·················· 010

  1.3.1 地球同步轨道卫星南北位保任务 ·················· 010

  1.3.2 低轨卫星任务 ·················· 011

  1.3.3 深空探测任务 ·················· 012

1.4 气体放电与气体击穿 ·················· 012

  1.4.1 气体放电的定义及分类 ·················· 013

  1.4.2 气体放电伏安特性 ·················· 014

  1.4.3 气压和间距对气体击穿的影响 ·················· 015

  1.4.4 电磁场环境对气体击穿的影响 ·················· 017

参考文献 ·················· 020

第 2 章　空心阴极点火启动过程

2.1　热阴极点火启动过程 ………………………………………………… 023
　　2.1.1　热阴极启动影响因素 …………………………………………… 023
　　2.1.2　热阴极启动边界 ………………………………………………… 024
2.2　无热子空心阴极启动过程 …………………………………………… 028
　　2.2.1　无热子空心阴极放电的二维流体模型 ………………………… 028
　　2.2.2　无热子空心阴极启动过程中的等离子体特性 ………………… 033
2.3　空心阴极启动过程中的等离子体参数分布演化 …………………… 038
　　2.3.1　等离子体参数分布的演化规律 ………………………………… 038
　　2.3.2　等离子体参数分布演化的影响因素 …………………………… 042
2.4　阴极温度分布演化过程 ……………………………………………… 047
　　2.4.1　典型实验结果 …………………………………………………… 047
　　2.4.2　阳极电流对阴极温度分布演化规律的影响 …………………… 049
　　2.4.3　供气流量对阴极温度分布演化规律的影响 …………………… 049
　　2.4.4　启动过程中的温度场演变机理 ………………………………… 052
2.5　发射体烧蚀规律 ……………………………………………………… 054
　　2.5.1　烧蚀产物的光信号 ……………………………………………… 054
　　2.5.2　启动过程中材料烧蚀的影响因素 ……………………………… 055
参考文献 …………………………………………………………………… 058

第 3 章　阴极原初电子参数分布随机性及其对点火过程的影响

3.1　阴极原初电子参数分布随机性及其优化控制方法 ………… 059
　　3.1.1　阴极原初电子参数分布随机性 ………………………… 059
　　3.1.2　阴极原初电子参数分布随机性对阳极点火冲击电流的
　　　　　影响 …………………………………………………………… 063
　　3.1.3　阴极点火参数变化对原初电子参数分布随机性的
　　　　　影响 …………………………………………………………… 065
　　3.1.4　阴极原初电子参数分布随机性优化控制方法 ………… 070
3.2　阴极工作位置对推力器点火过程的影响 ………………………… 071
　　3.2.1　阴极不同工作位置的羽流区点火图像 ………………… 071

　　3.2.2　点火过程中阴极轴向工作位置的等离子体参数分布
　　　　　演化特性 ………………………………………………… 074
3.3　阴极周围磁场环境对推力器点火过程的影响 …………… 083
　　3.3.1　阴极周围磁场环境对点火冲击电流的影响 ………… 083
　　3.3.2　阴极周围磁场环境对电子传导路径的影响 ………… 084
参考文献 ……………………………………………………………… 089

第4章　霍尔推力器点火过程中的
等离子体参数分布演化特性

4.1　推力器点火过程中放电通道内的等离子体参数分布演化
　　特性 ……………………………………………………………… 090
　　4.1.1　推力器点火动态特性观测实验装置 ………………… 090
　　4.1.2　点火过程中放电通道内的等离子体参数分布演化特性
　　　　　 ……………………………………………………………… 092
4.2　霍尔推力器点火过程中的等离子体动力学仿真 ………… 094
　　4.2.1　点火启动过程数值模型 ……………………………… 094
　　4.2.2　点火过程中等离子体参数分布的演化特性模拟 …… 100
参考文献 ……………………………………………………………… 106

第5章　霍尔推力器点火过程中的电流冲击

5.1　推力器侧点火冲击电流特性 ……………………………… 108
　　5.1.1　推力器侧点火冲击电流的形成机理 ………………… 108
　　5.1.2　放电参数对推力器侧点火冲击电流的影响 ………… 109
　　5.1.3　外回路参数对推力器侧点火冲击电流的影响 ……… 112
5.2　电源侧点火冲击电流特性 ………………………………… 114
　　5.2.1　电源侧点火冲击电流 ………………………………… 114
　　5.2.2　电源侧点火冲击电流峰值理论边界 ………………… 115
　　5.2.3　放电参数对电源侧点火冲击电流的影响 …………… 121
　　5.2.4　外回路宏观参数对电源侧点火冲击电流的影响 …… 122
参考文献 ……………………………………………………………… 124

第6章　霍尔推力器点火启动边界

6.1　点火启动前暗电流及其变化规律 ················· 125
　　6.1.1　暗电流随阳极电压的变化特性 ················· 127
　　6.1.2　暗电流随励磁电流的变化特性 ················· 128
　　6.1.3　暗电流随阳极流量的变化特性 ················· 129
6.2　点火边界影响因素随机性分析 ················· 130
6.3　点火裕度的概念 ················· 131
6.4　点火参数及其不确定性对点火裕度的影响 ················· 132
　　6.4.1　点火参数变化对临界点火电压的影响 ················· 132
　　6.4.2　阴极点火参数输出不确定性对点火裕度的影响 ················· 140
　　6.4.3　推力器点火参数输出不确定性对点火裕度的影响 ······ 144
参考文献 ················· 148

第7章　霍尔推力器点火可靠度实验评估方法

7.1　点火可靠度理论基础 ················· 150
　　7.1.1　可靠性的定义 ················· 150
　　7.1.2　可靠度函数 ················· 151
　　7.1.3　累积失效概率函数 ················· 151
　　7.1.4　失效概率密度函数 ················· 152
　　7.1.5　置信度和可靠度 ················· 152
7.2　可靠性工程中重要的随机变量分布 ················· 153
　　7.2.1　离散型随机变量的分布 ················· 153
　　7.2.2　连续型随机变量的分布 ················· 156
7.3　点火可靠度计算方法及其置信区间估计 ················· 158
　　7.3.1　推力器点火过程的概率分布 ················· 158
　　7.3.2　推力器点火可靠度的计算方法 ················· 159
　　7.3.3　推力器点火可靠度的置信区间估计 ················· 160
7.4　点火参数及其变化对点火可靠度的影响 ················· 161
　　7.4.1　点火可靠度实验样本参数确定方法 ················· 161
　　7.4.2　点火参数及其变化对推力器点火可靠度的影响 ········ 162

7.5 点火可靠度实验评估方法及实验验证 …………………… 169

7.5.1 点火可靠度实验评估方法 ……………………… 169

7.5.2 点火可靠度评估方法实验验证 ………………… 170

参考文献 ……………………………………………………… 173

第8章 霍尔推力器在轨点火

8.1 空间环境对霍尔推力器在轨点火过程的影响 …………… 174

8.2 不同功率等级的霍尔推力器点火过程对卫星平台的

扰动 …………………………………………………… 176

8.3 自励模式点火的在轨应用分析 …………………………… 178

8.4 寿命期内的参数退化对推力器点火可靠度的影响评估 ……… 181

8.4.1 寿命期内的退化参数分析 ……………………… 181

8.4.2 放电通道形貌退化对点火可靠度的影响 ………… 184

8.4.3 瞬态过程对阴极顶孔径退化过程的影响 ………… 185

8.4.4 阴极顶孔径退化对点火可靠度的影响 …………… 189

8.5 点火可靠度提升方法 ……………………………………… 190

8.5.1 点火参数的优化选择对点火可靠度的提升 ……… 190

8.5.2 外部回路改进对点火可靠度的提升 ……………… 194

参考文献 ……………………………………………………… 196

第 1 章
绪　　论

霍尔效应推力器(Hall effect thruster, HET),又称霍尔推力器,其结构简单、推功比高,是国际上研究最多和应用最广的电推进装置。随着霍尔电推进技术的不断发展,未来,霍尔推力器将大量应用于各种空间推进任务,而高可靠性点火启动是霍尔电推进系统安全运行的核心,并且随着霍尔电推进逐渐从卫星平台的辅助推进系统变为主推进系统,一旦点火失效,将给整个卫星平台带来不可估量的经济损失。因此,本章主要介绍霍尔推力器的基本结构及其工作原理,并较为详细地描述霍尔推力器的点火启动过程及其在不同空间任务中的重要性。

1.1　霍尔推力器的概念及工作原理

1.1.1　历史起源

长期以来,居住在地球的人类对遥远的外太空充满了无尽的探索欲和征服欲,自 1961 年人类第一次进入太空,到近年来人们频繁地向外太空发射卫星,尤其是发射成本相对较低的立方体卫星,更是加快了对太空的开发利用[1]。随着世界各国航天工业的不断发展,人类对于太空探索的兴趣变得越来越广泛,不仅包括卫星星座、空间引力波探测,而且包括探月工程、深空探测和星际旅行等项目,这些空间探索活动通常要求空间推进装置能够长时间在轨服役(10~15 年,甚至几十年)或提供精细可调的推力,而传统的化学推进装置无法满足这些任务的需求,因此迫切地需要发展一种新型的、高效的空间推进装置。电推进(electric propulsion, EP)恰好能同时满足这些任务的需求,因此近年来得到了长足发展和广泛应用[2-4]。

电推进是利用电能加热、离解和加速工质形成高速射流而产生推力的技术。电推进的理论始于 20 世纪初,1906 年,美国科学家戈达德提出了用电能加速带电粒子产生推力的思想[5],这种推进装置具有高比冲、小推力、长寿命等特点,满足航天器对空间推进系统提出的高速飞行、长期可靠工作和克服较小阻力的要求,不仅可作为近地空间航天器的姿态控制、轨道修正、轨道转移、动力补偿等控制装置,还可作为空间探测和星际航行的主推进。电推进在未来航天领域蕴含着如此巨大的潜力,因此引起了许多国家的重视。经过多年的发展,目前已经形成了三大类(电热、电磁和静电)十余种电推进器,实现了从实验室到空间应用的过渡,开始走向产业化和商品化[6,7]。

早期,霍尔推力器也称为稳态等离子体推力器(stationary plasma thruster, SPT),是一种典型的电推进装置。早在20世纪60年代,苏联和美国就各自开展了对霍尔推力器的研制工作,但是当时霍尔推力器的效率相当低,到了60年代末,苏联通过进一步研究,将效率提高到接近50%,并且霍尔推力器的主要设计结构及运行特征一直保持到现在,这些特征包括:在适当的放电电压下表现出稳定的工作特性、应用外部阴极作为额外的电子源并且利用励磁线圈产生外加磁场等。而同一时期,美国对于霍尔推进技术的研究投入较少,主要精力集中在离子推力器研究上,在70年代初几乎停止了对霍尔推力器的研究工作。苏联的Morozov教授领导的研究团队一直坚持致力于霍尔推进技术研究,对计划用于星际任务的大功率推力器和用于地球轨道任务的低功率推力器开展了相应的理论和实验研究并取得了巨大的成功,并于1972年在水星号飞船上实现了霍尔推力器的首次飞行。1996年,俄罗斯的Bugrova教授等通过增设缓冲腔以匀化工质、采用附加励磁线圈加大磁场轴向梯度等,研制出了综合性能参数更高的新型霍尔推力器——ATON(也称第二代霍尔推力器),其典型性能参数为比冲2 000 s、效率67%、羽流发散角约为10°,均优于第一代霍尔推力器,但是该款推力器并没有得到在轨应用。

1.1.2　基本工作原理及现状

霍尔推力器的结构原理示意图如图1-1所示,分别将两个半径不同的陶瓷套管固定在同一轴线上组成了具有环形结构的等离子体放电通道。内、外磁线圈和磁极在放电通道内产生磁场,磁场位型由整体磁路结构和励磁电流共同决定,正常工作状态下,通道内的磁场方向主要沿通道半径方向。在径向磁场的条件下,阳极和阴极之间的放电等离子体将在通道内产生自洽的轴向电场,这样,环形通道内将形成正交的电磁场,电子在正交的电磁场作用下将形成 $E \times B$ 漂移,也称霍尔漂移,大量电子在环形通道内的漂移运动形成霍尔电流。推进剂通常采用惰性气体氙,从气体分配器注入推力器通道,推进剂原子与做霍尔漂移运动的电子发生碰撞电离成为离子,离子在通道内轴向电场的作用下从通道出口加速射出,产生了反冲推力,同时电子通过各种传导机制到达阳极,在通道内实现了稳定的等离子体放电过程,形成了持续稳定的推力。由于其具有高效率(大约60%)、长寿命(10~15年)和比冲适中(在 10^3 s量级)等优势,霍尔推力器已经成为目前国际上研究最多应用最广的电推进装置[8]。

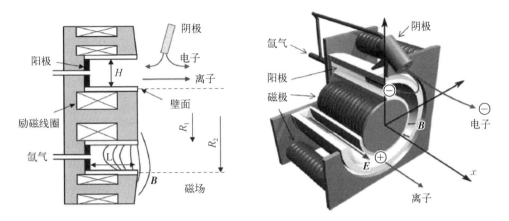

图 1-1 霍尔推力器结构原理示意图[8]

俄罗斯是最早开展霍尔推力器研究工作和进行空间应用的国家,并且研制的霍尔推力器功率范围很广(50~50 000 W),其典型产品 SPT-100 是目前应用最多的推力器型号[9]。19 世纪 90 年代,自霍尔电推进技术流入美国以来,得到了众多研究机构和公司的重视,目前为止,其典型产品有洛克希德·马丁空间系统公司的 4.5 kW 霍尔推力器 BPT-4000[10] 和 Busek 公司的 200 W 霍尔推力 BHT-200[11],并且均已得到空间在轨应用。欧洲,主要是法国开展了霍尔电推进技术的相关研究,法国斯奈克玛(SNECMA)公司以技术合作的方式从俄罗斯火炬机械制造设计局引进了霍尔电推进技术,并且对引进产品 SPT-100 型推力器进行了磁场位型优化,成功研制出了性能参数更佳的产品 PPS 1350,并于 2003 年在探月卫星"智慧一号"上实现了在轨应用[12]。亚洲针对霍尔电推进技术开展研究的国家主要是日本、韩国和中国,其中日本各研究机构主要开展中、低功率等级的霍尔电推进技术[13],韩国在圆柱形霍尔推力器方面开展了大量的实验、模拟和诊断技术研究[14]。

国内开展霍尔电推进技术的研究机构包括上海空间推进研究所、兰州空间技术物理研究所、北京控制工程研究所、哈尔滨工业大学、北京航空航天大学等。其中,上海空间推进研究所是国内最早开展霍尔电推进技术的研究机构,其典型产品有 HET-40 和 HET-70,同时该研究所还研制出了与霍尔推力器配套使用的钡钨发射体空心阴极[15]。兰州空间物理技术研究所的主要产品有 LHT-100 和 LHT-140。从 2002 年开始,哈尔滨工业大学和俄罗斯国立技术大学以技术合作的方式开展了霍尔推力器研究,此后陆续在该领域展开了丰富的理论和实验研究工作[16]。2012 年,哈尔滨工业大学与北京控制工程研究所深度合作,成功研制了 HEP-100MF 磁聚焦霍尔推力器工程样机,并于 2016 年随长征五号首发星成功完成在轨验证[17]。

1.1.3 霍尔电推进系统组成及技术特点

霍尔电推进系统组成示意图如图1-2所示。从图中可以看出,整个霍尔电推进系统不仅包括推力器单机,而且包括功率处理单元(power processing unit, PPU)及贮供子单元。

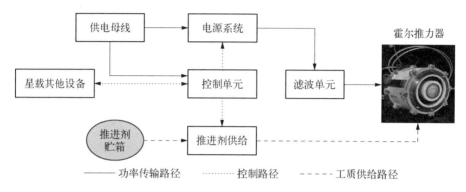

图1-2 霍尔电推进系统组成示意图

霍尔推力器单机主要包括霍尔推力器和阴极两部分,一个完整的霍尔推力器应该包括阳极、阴极、气体分配器、通道套筒和磁路等。霍尔推力器的阳极主要提供电压,建立等离子体放电过程。在第一代霍尔推力器中,阳极和气体分配器是一体的,推进剂从气体分配器注入并沿着推力器通道扩散,为了能够均匀化气体,气体分配器的出射孔应沿周向分布均匀,且出气横截面积要小。在目前的 kW 量级的霍尔推力器中,常见的气体分配器在周向上分布 50~100 个直径为 0.1~0.5 mm的出射孔,从而达到均匀气体的要求。霍尔推力器通道内的磁场由励磁线圈(或永磁铁)及磁路系统生成,磁路由导磁率较高的材料构成,磁场由缠绕在内、外线圈铁芯上的线圈产生,在磁路的引导下在通道内形成径向磁场。

对于霍尔推力器放电通道,不仅要求材料具有良好的绝缘性,更要考虑材料的各种热学性能。首先,霍尔推力器放电过程中,器壁承受的温度较高,例如,在 SPT-100 推力器的运行过程中,内壁出口位置的温度最高,可以达到 800 K 以上。其次,霍尔推力器在轨运行需要几千甚至数万次的冷启动,启动过程会对通道器壁造成很大的热冲击,导致材料产生热疲劳损伤。因此,一般要求绝缘壁面要有良好的导热性能,降低其所承受的热负荷,从而提高推力器的使用寿命。除此以外,通道器壁与放电等离子体直接接触,电子与任何表面碰撞都会产生二次电子,二次电子还会直接参与传导,对放电电流的大小及效率产生重要影响,因此要求材料具有合适的二次电子发射系数,从而确保较高的运行效率。此外,霍尔推力器通道具有环形几何结构且壁厚较小,这就要求材料具有很好的机械加工性能,因此通常采用氮化硼、氧化硅和氧化铝作为绝缘材料。大量的实验表明,氮化硼具有较高的抗溅射性能、适中的二次电子发射系数、优异的热学及电学性质,因此在霍尔推力器陶瓷通道中得到了广泛应用。

空心阴极作为电子源,其主要功能是引出电离中性原子所需的种子电子及随后用于中和所产生离子的电子,其发射材料一般采用六硼化镧(LaB_6)或钨钡氧化物等低逸出功物质,在特定的温度下利用热效应发射电子。空心阴极采用螺旋钨丝和直流方式进行持续加热,保证发射体达到足够的温度。

功率处理单元主要为霍尔电推进系统的各种装置进行供电,通常采用模块化设计,以满足不同功率和不同推力器数量的系统配置需求。图1-3所示为美国A2100卫星平台BPT-4000霍尔推力器配套使用的PPU[18],主要包括电磁干扰(electromagnetic interference, EMI)滤波模块、阳极电源模块、热保持磁性(heat-keep-magnetic, HKM)电源模块、辅助电源模块、滤波模块、阀门驱动器、节流器和遥控/遥测输入/输出(input/output, I/O)端口等(部分未在图中标注)组成。其中,EMI滤波模块主要屏蔽母线上的差模和共模干扰,而滤波模块主要抑制霍尔推力器工作时等离子体振荡对PPU的噪声干扰。HKM电源模块集中了阴极加热电源、阴极点火电源和励磁电源的所有功能。

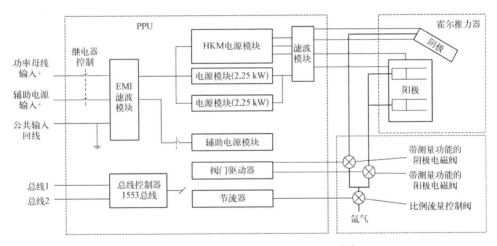

图1-3 BPT-4000 PPU结构示意图[18]

贮供子单元主要用于储存和供给霍尔推力器工作所需的工质气体,最常用的工质气体为氙气(Xe),贮供系统的原理框图见图1-4,其由三部分组成:氙气贮存模块、压力调节模块和流量调节模块。贮供系统的贮供模块主要用于贮存氙气,一般包含储罐、高压压传和高压自锁阀,初始贮存压力一般根据任务需要设计为7~8 MPa(20℃)。压力调节模块将高压氙气调节到0.2 MPa左右并输送给流量控制模块,一般采用Bang-Bang阀控制缓冲罐压力。流量调节模块中通过选用不同流阻的节流器,分别将额定流量的氙气输送给推力器和中和器。

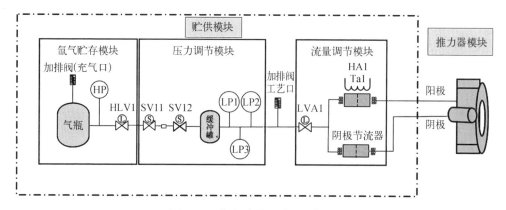

图 1-4   氙气贮供系统原理框图

HP-高压传感器;HLV1-高压自锁阀;SV11-电磁阀 1;SV12-电磁阀 2;LP1~LP3-低压传感器;
LVA1-低压自锁阀;HA1-热节流加热器;Ta1-薄膜电阻

第一代氙气贮供系统多以 Bang-Bang 电子减压器为核心构成压力调节模块,以采用金属多孔烧结材料的节流器为核心构成流量调节模块。第一代氙气贮供系统已经比较成熟,在很多飞行器上取得了应用[19],其中最具表性的是美国国家航空航天局(National Aeronautics and Space Administration, NASA)的深空-1(Deep Space-1, DS-1)探测器。目前,国外应用电推进的卫星基本都采用上述贮供系统,如 SMART-1、黎明(Dawn)探测器、阿特米斯(Artemis)卫星、eStar3000 卫星等。在总结第一代产品所存在问题的基础上,研究人员以提高性能和优化系统为目的,研制了第二代氙气贮供系统,其特点是用比例电磁阀取代 Bang-Bang 电子减压器构成压力调节模块,采用“迷宫”型节流器取代金属多孔烧结材料节流器构成流量调节模块。第二代氙气贮供系统已经开始在一些飞行器上得到陆续应用,如 TechSat-21 卫星和先进极高频卫星。图 1-5 所示为最早用于技术演示的 TechSat-

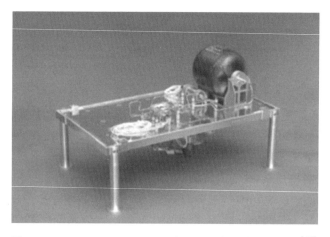

图 1-5   TechSat-21 卫星比例电子减压器型贮供子单元[18]

21 卫星中 200 W 稳态等离子体推力器电推进系统的比例电子减压器型贮供子单元,尽管此贮供单元配置非常简单,但良好地完成了在轨演示任务。

目前,在空间中应用的电推进装置包括霍尔推力器、离子推力器、脉冲等离子体推力器、射频离子推力器、微波离子推力器、胶体推力器等。这些推力器具有各自的技术特点,相比而言,霍尔推力器的技术特点主要包括以下几个方面。

(1)结构简单。与离子推力器相比,霍尔推力器没有易变形、易烧蚀的栅极,且其运行电压低,所需的电源数少,可靠性高。

(2)比冲适中。霍尔推力器的比冲和效率虽低于离子推力器,但比冲正好处于目前近地航天器控制所需的最佳范围内。

(3)寿命长。部分高能离子会不可避免地轰击霍尔推力器放电通道陶瓷壁面,尤其在长时间的工作过程中,会导致推力器的通道形貌发生变化,从而影响推力器的稳态放电性能,但是通过采取改变磁场位型等各种技术手段,仍然可以使得其在轨服役时间达到上万小时。

(4)易于大型化。目前,中等功率等级的电推进装置已经得到相对广泛的应用。未来,根据空间推进任务的需求,电推进装置将主要朝小功率和大功率两个方向发展。而霍尔推力器不存在空间电荷效应问题,因此其推力密度较高、体积更小。若需要朝更大功率发展,可以对霍尔推力器进行多环或成组设计,有效减轻推进器本体的重量并减小体积,更有利于空间应用。

1.2 点火过程及阶段划分

1.2.1 点火过程

由前面的描述可知,霍尔推力器具有结构简单和比冲适中等技术优势,目前已成为研究最多和应用最广的电推进装置,而点火启动过程是霍尔推力器空间运行的第一步,如果点火失效,一切优化的性能参数均会失去意义。本节首先结合点火回路对霍尔推力器的点火过程进行详细介绍,其点火回路如图 1-6 所示。霍尔推力器的点火过程主要包括以下几个步骤:第一,对阴极进行供气并闭合加热电源开关 S_4,给阴极发射体加热,使其达到发射电子的温度;第二,闭合励磁电源开关 S_2,对励磁线圈供电,给推力器供给工质气体(通常为氙气)并闭合放电电源开关 S_1,在阴极和阳极之间形成轴向电场;第三,闭合点火回路的点火开关 S_3,瞬间在阴极触持极上施加一个高电压,使得阴极在高压作用下产生气体击穿点火,同时将电子从阴极引出。第四,从阴极发射的电子会被推力器出口附近的强磁场区域的磁力线所捕获,并通过碰撞和扩散向放电通道内运动。在向阳极移动的过程中,电子会从轴向电场中获得能量,能量达到氙原子电离阈值的电子与聚集在推力器出口区和通道内的氙原子发生碰撞并将氙原子电离,生成离子和电子。离子被轴向电场加速后飞出推力器出口,而这些新产生的电子会继续向阳极运动并进一步电离工质气体;第五,电离产生的电子进一步促进推进剂工质气体的雪崩电离过程,并形成一个数倍于稳态放电电流的点火冲击电流,此时霍尔推力器的点火过程结束,放电电流逐渐过渡到以低频振荡为主的稳态放电过程。

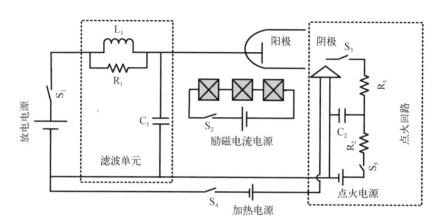

图 1-6　霍尔推力器点火回路

1.2.2　点火过程阶段划分

尽管点火过程持续的时间很短,通常只有几十微秒,但仍然可以根据点火过程中的特征将其划分为三个不同的阶段,如图 1-7 所示。第一阶段是阴极点火过程[图 1-7(a)],当点火开关闭合后,推力器点火回路中的充电电容 C_2 会迅速放电,然后将这一高压施加在阴极触持极上,通常该点火电压为 250 V。随后,在阴极触持极和阴极顶孔之间发生气体击穿,瞬间形成大量的等离子体。等离子体的密度会不断增加并逐渐向阴极节流小孔方向移动,直至进入发射体区,其中的离子会被发射体表面的鞘层加速,并不停地撞击发射体表面,使其温度不断升高,阴极最终达到热发射电子的状态,并且电子在扩散和空间电势等因素的作用下不断地从孔区迁移到阴极出口区域。

第二阶段为推力器点火过程[图 1-7(b)],电子从阴极发射之后,会迅速被推力器出口区域的磁力线所捕获,沿着磁力线运动。在这个过程中,电子会去碰撞电离推力器出口区的氙原子。但是阴极出口附近的磁场强度较强,导致电子的迁移率较低,电子温度较低,同时推力器出口区的氙原子密度相对较低,因此点火初始过程中产生的电流也较小。随着点火过程逐步发展,电子通过扩散或者与中性原子碰撞的方式迅速进入放电通道内部。其中,电子在向阳极移动的过程中会被轴向电场加速升温,继而与放电通道内的高密度氙原子产生碰撞电离,产生离子和新

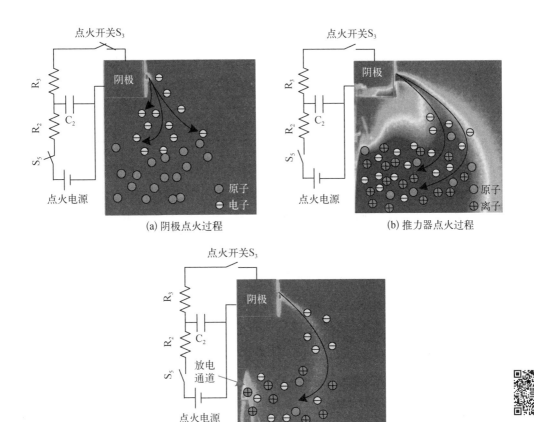

(a) 阴极点火过程

(b) 推力器点火过程

(c) 推力器点火过程维持阶段

图 1-7 霍尔推力器点火过程装置结构和物理过程示意图

电子。离子被轴向电场加速后迅速喷出陶瓷通道出口,而新产生的电子会进一步在轴向电场中获得能量并继续和氙原子发生碰撞,从而进一步促进通道内氙原子的电离过程,推力器的点火冲击电流也会显著增大。随着点火过程的进一步发展,达到工质原子雪崩电离阶段,此时大量的工质原子会被迅速电离,产生以指数形式增长的离子和电子,与此同时,推力器的点火冲击电流到达最大值。经历了雪崩电离阶段后,点火启动前在放电通道内聚集的大量氙原子也逐渐被消耗,推力器的电离区进一步向阳极附近移动。此时,放电通道内的离子密度和电子密度也会显著降低,推力器的点火冲击电流随之逐渐减小。

第三阶段为推力器点火过程维持阶段,如图 1-7(c) 所示。此时,放电通道内聚集的氙原子已经基本被完全耗尽,放电通道内的电离区主要在阳极区附近,放电通道的氙原子建立稳定的电离和补给过程,放电电流逐渐向典型的呼吸振荡状态转变。对于 kW 量级的霍尔推力器,这一持续时间约为 ms 量级。随后,推力器的整个点火过程结束,推力器的放电过程也逐渐趋于稳定。

1.3　高可靠点火在空间推进任务中的重要性

霍尔推力器稳定工作的前提是确保其可靠点火,尤其在应用于小卫星的编队飞行任务或高精度的脉宽调制模式时,推力器将频繁地经历点火和关机过程[20,21]。如果推力器在轨点火出现故障,一切优化的性能参数都会失去意义。推力器的点火过程是一个机理复杂且多因素耦合的过程,包括阴极点火、瞬态时刻的电子传导过程、中性气体瞬间电离和离子加速,以及等离子体建立和外部电磁场耦合等过程。推力器点火过程可能会发生异常,如阴极启动失效、推力器点火启动延迟、点火冲击电流峰值较大和熄火等,这些都会影响推力器的可靠点火,甚至可能造成更加严重的后果。尽管到目前为止,霍尔推力器已经在轨工作了近半个世纪,但是其点火过程的研究仍停留在定性的工程测试阶段,由于推力器点火过程具有较强的随机性,如何保证推力器在轨高可靠点火依旧是一个非常重要的问题。

迄今为止,世界各国的研究机构还没有提出和建立关于推力器点火可靠度的评估和提升方法。为了保证推力器在轨具有较高的点火成功概率,设计点火参数时通常需要设置较大的裕度,代价较大。例如,当采用较高的阳极流量点火时,不仅会加快卫星平台所携带推进剂的使用速率,而且在点火瞬间会产生一个较大电流冲击,这无形中对卫星平台的电气绝缘标准和抗扰动能力提出了更高的要求,增加了卫星平台的技术成本。如果能够在地面对给出的点火参数进行可靠性评估,那么就可以给出相对合理的点火参数裕度,同时当在轨点火发生异常时,可以及时给出相应的调整手段,这样既能保证推力器高可靠性点火,又降低了成本。

国务院发布的《中国制造 2025》中明确指出,要大力提高国防装备质量可靠性。与国际顶尖水平相比,目前我国航天产品的可靠性还需要进一步的提升,加强可靠性问题的研究将有助于我国完成从"航天大国"到"航天强国"的华丽转身。《国家中长期科学和技术发展规划纲要(2006—2020 年)》中,也指出要重点关注重大设施的可靠性和安全性,可靠性研究的重要性毋庸置疑。

1.3.1　地球同步轨道卫星南北位保任务

卫星入轨后,在整个工作寿命期间,由于各种摄动力的作用,其轨道形状、轨道平面及卫星姿态等都会发生变化,必须设法克服各种摄动力对卫星的影响,即进行轨道控制或修正。例如,同步轨道卫星受到的摄动力作用主要有三种:① 地球的非圆性(三轴性)引起的各处不同的地球位势;② 太阳辐射压力的作用;③ 太阳-月球的引力作用。这些作用力的影响将使卫星运动的轨道发生变化,如表 1 - 1 所示。

表 1-1 同步轨道卫星摄动力的影响及其速度增量要求

摄 动 力	对卫星的影响	速度增量要求 Δv
辐射压力、杂散冲量作用	姿态漂移	每年小于 1 m/s(超过 5 年为 3 m/s)
地球的三轴性	经度产生漂移	每年为 5.5 m/s
太阳辐射压力作用	偏心率增加	与卫星的面积/质量比、表面性质和指向有关
太阳-月球的引力	纬度产生漂移	每年约 50 m/s

对卫星设计和运行影响最大的是南北位置保持控制系统。从表 1-1 中可知，由于太阳-月球的引力作用，同步卫星的轨道面相对于赤道平面产生纬度变化，每年的变化量为 0.75°~0.95°，相当于每年的轨道速度变化率为 40~51 m/s。这个变化如果不修正，卫星的天线波束将在地球表面上画出一个拉长的 8 字图形。因此，南北位保控制需要改变轨道平面，每年约需提供 50 m/s 的速度增量，差不多是东西位保的 10 倍。对于小型、短寿命卫星，控制所需的总冲不大，问题不突出。但是，随着卫星质量的增加(1~3 t)和寿命的延长(10~15 年)，所需总冲会逐渐增大。现在考虑一颗工作寿命为 15 年、质量为 2 600 kg 的典型地球同步轨道通信卫星。卫星进行南北位保，每年所需的速度增量为 50 m/s，霍尔电推进系统每年需要的工作时长为 $1.625×10^6$ s，约 451 h。假设霍尔电推进系统每次工作时长为 2 h，每台霍尔推力器每年需要点火启动 225 次，在整个 15 年的在轨服役期内总共需要点火约 3 375 次。如果其中的任何一次或多次点火启动出现故障，轻则会导致地球同步轨道卫星的南北位保量不够，重则会影响整个霍尔电推进系统的任务完成度。

1.3.2 低轨卫星任务

当卫星处于低轨工作时，主要会执行三种空间任务：① 变轨，即轨道上升或下降；② 位置保持；③ 偶发性的轨道避让。当卫星在寿命末期需要离轨时，需要长期点火，大概需要每次工作 1 h，受卫星姿态和热特性等条件的约束，根据轨道设计，一般每天工作 5~6 次，也就是说每天需要点火 5~6 次。因此，霍尔推力器需要每 80~90 min 完成一次点火启动功能。另外，当低轨卫星执行位保任务时，每次需要工作十几分钟到几十分钟不等，大约每隔几周执行一次任务。有时低轨卫星需要通过变轨来执行轨道避让，每次大约工作十几分钟，根据实际轨道情况，可能每 2~3 个月执行一次任务。因此，如果低轨卫星在执行上述空间任务时出现了点火故障，那么就有可能影响低轨卫星的任务，尤其是执行偶发性的轨道避让任务时，如果霍尔电推进系统出现点火失效，那么有可能导致卫星平台与空间碎片或其他航天器发生碰撞,带来不可估量的经济损失。

1.3.3　深空探测任务

随着航天技术的不断发展,除应用卫星与载人航天外,深空探测作为航天第三大领域,也将成为新的研究热点。《2021 中国的航天》白皮书明确提出了要开展以月球探测为主的深空探测研究,这标志着我国的航天事业将进入一个新时期,深空探测器对推进系统主要有如下的特殊要求[20]。

(1) 高性能。推进系统占据了深空探测器的大部分重量,需要不断提高其组件的性能十分重要,可采用一定基础的新材料、新工艺,将推进系统因性能提高而节省的重量和空间转移给有效载荷,提高任务效能。

(2) 长寿命。深空探测活动的周期一般都比较长,因而对飞行器,尤其是推进系统提出了长寿命的要求,不仅需要进行充分的长寿命实验,而且要解决结构件与推进剂长期相容的问题;设计时必须考虑产品长期工作后的自身状态与外部条件变化的影响。

(3) 无羽流污染。深空探测器的有效载荷以光学仪器为主,推进系统长期工作,尤其是较大推力变轨推力器长期点火对光学仪器造成的羽流污染问题较为突出。

(4) 低成本。低成本已成为一项基本要求,推进系统在探测器成本中占有相当高的比例,必须提高工程管理水平,寻求降低推进系统成本的途径,而电推进装置正是这样一种较理想的高性能深空探测推进形式。美国、俄罗斯和欧洲航天局都各自开发了多款大功率霍尔推力器去执行深空探测任务,而且深空探测的转移过程不可能一次完成,通常分为几个阶段,因此在这么长的工作时间内,霍尔电推进系统需要完成多次可靠启动,如果在这个过程中出现了点火故障,将会对整个探测的任务的完成带来不可估量的损失。

因此,随着电推进逐步取代化学推进成为航天主动力装置,对于即将进入全面发展和应用的霍尔推力器,了解其点火过程及点火可靠度,既能加深对推力器点火过程的认识,而且可以保证推力器在轨点火的可靠性,并解决这一过程引发的诸多问题,这对于推动我国电推进技术的发展和应用有着重要意义。

1.4　气体放电与气体击穿

霍尔推力器是一种典型的在正交电磁场作用下的等离子体放电装置,其放电过程隶属于等离子体放电领域,霍尔推力器点火过程的本质是在环形放电通道和正交电磁场环境共存下的气体击穿过程,其持续时间约为数十微秒,并且和稳定放电状态差异明显,其一直是霍尔推力器放电过程中研究的重点问题之一。而且等离子体击穿或建立过程一直都是等离子放电过程中研究的难点问题之一,这一过程无法用简单的解析模型进行量化描述,通常伴随着很多随机性和不确定性,所以接下来首先回顾气体放电和气体击穿方面的一些基本知识,这有助于读者更好地理解霍尔推力器点火启动过程中的物理现象。

1.4.1 气体放电的定义及分类

在自然状态下,气体处于绝缘状态,受宇宙射线、地下放射性物质的影响,气体中含有少量带电粒子。如果在外施加电场,将导致气体中的带电粒子在电场作用下沿电场方向移动,在间隙中形成电导电流。当气体间隙上电压升高到一定数值时,将形成传导性较高的通道,使得气体间隙被瞬间击穿,气体分子被电离成电子和离子,该现象称为气体放电。

按电离程度,可将电离气体分为弱电离气体(只有很少的原子或分子被电离)、部分电离气体(部分原子或分子被电离)和完全电离气体(几乎所有的原子和分子被电离)三种。气体放电的形式很多,分类的方法也有很多种。按照放电属性、结构等,可以将气体放电划分为多种类型,如介质阻挡放电、滑动放电、汤生(Townsend)放电、电弧放电等。根据放电机理,可将气体放电分为辉光放电、弧光放电、火花放电、电晕放电等[22,23]。自持汤生放电或辉光放电的燃点电压或阴极位降值都超过气体电离电势1个数量级,而自持弧光放电的阴极位降区十分接近气体放电的电离电势。电晕放电压降大于辉光放电压降,但放电电流要小很多(mA量级),且往往出现在电极间电场分布不均匀的条件下。若电场分布均匀,放电电流又比较大,则发生辉光放电现象;若在电晕放电的状况下提高外加电压,而电源的功率又较小,则放电转变成火花放电;若电源的功率足够大,则电晕放电转变为弧光放电。气体放电类型及一般性质见表1-2。

表1-2 气体放电类型及一般性质

放电类型	放电的一般性质
辉光放电	自持放电,其放电电流的一般为mA量级,靠正离子轰击阴极所产生的二次电子维持放电
弧光放电	自持放电,阴极位降低,电流密度大,维持电压很低,通常只有几十伏
火花放电	断续放电,放电是明亮曲折而有分立的细带束,电极间电场分布不均匀,依靠加在两个电极间的几万伏的高电压击穿气体产生放电,仅维持 $10^{-8} \sim 10^{-6}$ s
电晕放电	自持放电,在电极两端未达击穿电压,若电极表面附近的电场(局域电场)很强,则电极附近的气体介质会被局部击穿而产生放电现象

　　气体放电现象是电流通过气体后由电离的气体表现出来的一种现象,研究气体放电的目的是了解电离气体在各种条件下的宏观现象及其规律,同时研究其中发生的基本微观过程,并把两者联系起来,由表及里地掌握气体放电的机理,用微观过程来分析宏观现象,从复杂的放电现象中寻找规律。

1.4.2　气体放电伏安特性

　　在不同的物理条件下,由于占主导地位的基本物理过程不同,会产生各种形式的气体放电现象。为了对各种气体放电的形式作一个初步了解,首先需要研究气体放电的伏安特性,即放电电流随电极间电压变化的关系曲线。

　　典型的气体放电伏安特性曲线见图1-8,伏安特性曲线随放电参数的变化而改变,但在大多数情况下都是适用的。下面介绍气体放电的伏安特性曲线及放电模式的转化过程,从伏安特性曲线来看,可以将其分为八个区域。

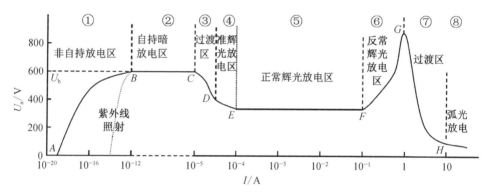

图1-8　气体放电伏安特性曲线[24]

　　(1)非自持放电区 AB 段: 此阶段也可以称为被激导电区,特点是放电管电压 U_a 从0逐渐增高,而放电电流极小(10^{-18} A,微小电流来自气体中带有的密度很小的带电粒子),几乎没有形成放电。当用紫外线照射放电气体和阴极时,放电电流大小可以上升到 $10^{-16}\sim10^{-12}$ A 量级(紫外线照射气体会引起放电气体的电离,增大气体中的带电粒子密度;紫外线照射阴极会引起阴极的光电效应,发射光电子;总体效应是增大放电电流)。

　　(2)自持暗放电区 BC 段。当放电管电压达到 U_b(击穿电压)后,放电进入自持暗放电区,此时放电管有微弱的发光。若限流电阻值 R 不大,在此电压情况下,放电极易向点 E 过渡,转为辉光放电。点 B 称为着火点,U_b 称为着火电压。

　　(3)~(4)过渡区 CD 段和准辉光区 DE 段。在限流电阻 R 不太大的情况下,放电将迅速由点 C 过渡到点 E,即放电管的放电电流急剧增大,电压 U_a 也迅速下降,显示为负的伏安特性。

（5）正常辉光放电区 *EF*。此阶段的特点是放电区发出很强的辉光（放电气体不同,发光的颜色也不同,如空气或 N₂ 为紫色;Ne 为红色）,放电电流为几 mA 到几百 mA。改变 *E*ₐ 或 *R*,放电管的电压不变,只是放电电流变化（小电流、高电压放电）。

（6）～（7）反常辉光放电区 *FG* 和过渡区 *GH*。在反常辉光放电区,管压降升高,放电电流 *I* 也增大,放电所发的光仍为辉光,但不同于正常辉光放电;继续升高管电压至点 *G*,此点非常不稳定,放电电流增大、电压减小,放电系统马上会过渡到弧光放电区。

（8）弧光放电区。此阶段的特点是发出明亮刺眼的白光,放电属于低电压,大电流放电（安培量级）。

1.4.3　气压和间距对气体击穿的影响

霍尔推力器点火过程是霍尔推力器研究的重点问题之一,而气体击穿和等离子体的建立过程一直以来都是等离子体放电过程中研究的难点问题之一,这一过程无法用简单的解析模型进行量化描述,通常伴随着很多非线性和不确定性,导致实验结果的离散度较高,随机性较强。霍尔推力器的点火过程是一种特殊气体放电过程,与普通气体击穿过程和等离子体建立过程具有很多相似之处,主要包括以下几个方面。

（1）推力器点火过程的第一步,阴极的点火过程始于触持极与阴极钨顶之间,高电压导致的气体击穿放电是一个典型的气体击穿过程,不同的触持极板与发射体间距及阴极流量改变带来的气压变化都会影响阴极点火启动过程中的临界击穿电压。

（2）阴极点火成功后,推力器的点火过程相当于存在电子源时,在环形放电通道和正交电磁场环境共存情况下的气体击穿过程,了解正交电磁场条件下的气体击穿过程可以加深对推力器点火过程的认识和理解。因此,本节对气体击穿过程的研究进行简要回顾。

气体击穿过程是气体放电和等离子体放电领域的基本过程。1889 年,帕邢（Paschen）[25]最早对匀强电场条件下气体在两个金属电极之间的击穿现象进行了研究,实验现象显示,电极间隙距离、气压等放电参数对气体间隙击穿电压有重要的影响,帕邢对其进行参数化表征后得到了著名的帕邢定律。随后,在 20 世纪初期,汤生等[26]针对气体电离和放电过程开展了全面的研究,给出了帕邢定律的理论解释,并提出了汤生放电理论。

汤生放电理论的成功之处在于说明了气体击穿的过程,预言了某些情形下气体击穿的电压值。而通过汤生的理论还可以推出帕邢定律,引入击穿的判据式:

$$\gamma(e^{\alpha d} - 1) = 1 \tag{1-1}$$

式中,上标 α 为汤生放电系数;上标 d 为放电间距;γ 为二次电子发射系数,认为其是一个常数,与电势和压力的比值 E/P 无关。

进而可以得出:

$$d = \frac{\ln(1/\gamma + 1)}{\alpha} \tag{1-2}$$

经换算可得到气体击穿电压的表达式为

$$U_b = B'Pd/[\ln(A/\Gamma) + \ln(Pd)] \tag{1-3}$$

式中,Pd 表示气体压力和两个金属电极间距的乘积,Pa·cm;γ 表示二次电子发射系数;$\Gamma = \ln(1/\gamma + 1)$;$A$、$B'$ 是固定常数,与气体原子种类相关[27,28]。

可见,U_b 仅是 Pd 乘积的函数,实验已经充分证实了这一点,U_b 随 Pd 的变化规律称为帕邢定律,即在气体放电空间里,气体击穿电压只与气体击穿电压和金属电极间距的乘积相关。

氩气、氦气和氮气的击穿电压 U_b 随 Pd 变化的实验结果如图 1-9 所示,由图可知,尽管不同气体的曲线形状是不同的,但是气体击穿电压都存在一个最小值。在这个最小值的左侧部分,图像比较陡峭,随着 Pd 逐渐增大,气体击穿电压逐渐降低;在这个最小值的右侧部分,图像比较平坦,随着 Pd 逐渐增大,气体击穿电压逐渐升高[27]。

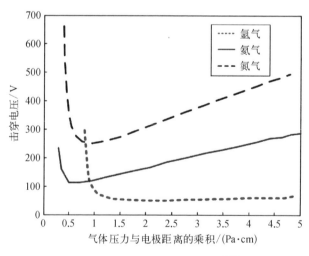

图 1-9 不同气体的帕邢曲线[29]

由图 1-9 分析可知:Pd 值过大时,U_b 随 Pd 的变化近似呈直线;Pd 值过小时,U_b 又上升,则存在一个合适的 Pd 值使得 U_b 处于最小值。将式(1-3)微分并

使之为 0 可得

$$Pd_{min} = 2.718\ln(1/\gamma + 1)/A \qquad (1-4)$$

代入式(1-3)得

$$U_{bmin} = 2.718\ln(1/\gamma + 1)B'/A \qquad (1-5)$$

由这些关系式得到的理论数值与实验结果符合较好。表 1-3 列出了一些气体的最小击穿电压 U_{bmin} 及相应的 Pd_{min} 值，这些数据很有实用价值。

表1-3 一些气体的 V_{bmin} 及相应的 Pd_{min} 值

气 体	氮 气	氧 气	钠蒸气	二氧化硫	硫化氢
U_{bmin}/V	251	450	335	457	414
Pd_{min}/(10^{-2} Pa·m)	89.3	93.3	5.3	44.0	80.0
气 体	空 气	氩 气	氢 气	氦 气	二氧化碳
U_{bmin}/V	327	137	273	156	420
Pd_{min}/(10^{-2}Pa·m)	75.6	120.0	153.3	533.3	68.0

应该注意到，U_b 与 Pd 的关系是线性的，但是并不一定只是线性关系。实验指出，在压强为 101.325 kPa 的空气中，在均匀电场中是线性的，气体击穿电压为

$$U_d = 3\,000d + 1.35(10^6 \text{ V/mm}) \qquad (1-6)$$

式中，d 为极间距离，适用数量级为 10^{-3} m。

从非自持放电向自持放电状态过渡的过程中，可见气体击穿电压与 α、γ 有关。由于 α、γ 都是与放电气体和电极材料等状态密切相关的，可以得出如下结论：当其他条件不变时，气体击穿电压不仅与气体性质有关，而且随电极材料变化而变化，本书中仅对气体击穿的一般过程作简要回顾，详细分析可参考相关书籍。

1.4.4 电磁场环境对气体击穿的影响

1. 电极对击穿的影响

不同阴极材料有不同的 γ 值，从而对应不同的击穿电压。阴极表面存在的杂质，如油污、氧化物薄膜、尘埃和其他的绝缘颗粒及吸附的气体等对击穿电压有很大影响，其原因就是在不同的电极表面状态下，阴极的 γ 过程是不同的。另外，阴极表面的粗糙程度对击穿电压也有影响，可相差 3~4 倍，其原因是局部空间电荷的畸变使电极表面局部区域电场升高。各种阴极材料的平板电极之间的氩气的击

穿电压随 Pd 的变化情况如图 1-10 所示,由图可知,在低气压下,电极材料对击穿电压的影响较大;当气压增大时,曲线趋于一致,其原因是当气压增大时,电极对击穿电压的影响变小了。

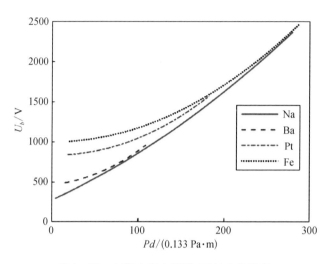

图 1-10　氩气击穿电压随 Pd 的变化情况

2. 电场分布对击穿的影响

电极结构和极性决定了气体击穿前电极间隙之间的电场分布,这个电场分布对汤生放电系数 α 和二次电子发射系数 γ 的数值与分布起着决定性作用,限制着气体中电子与离子的运动轨迹及电子的雪崩过程,因此,电极结构和极性对气体的击穿电压的影响很大。

在均匀电场条件下,在正负电极反号前后,两条帕邢曲线重合。同轴圆筒电极系统中,电极间的电场分布不均匀,当中心电极接正电势时,阴极附近电场相当弱,击穿电压较高;当中心电极接负电势时,阴极附近电场比较强,击穿电压较低。同轴圆筒电极系统的典型实验结果如图 1-11 所示,图中符号⊕表示中心电极为阳极,符号⊖表示中心电极为阴极。

3. 磁场分布对击穿的影响

随着气体击穿理论逐渐成熟,研究人员在研究中遇到了很多存在磁场情况下的气体击穿现象,根据磁场与电场的方向,可将其分为磁场平行于电场方向和磁场垂直于电场方向两种典型情况。Hassouba 等[30]在圆柱形直流磁控管内研究了有无磁场情况下氩气和氦气的击穿特性。结果表明:在外部施加磁场的情况下,两种气体的击穿电压都会明显降低。Blevin 等[31]研究了正交电磁场下汤生电离系数的变化,研究认为当磁场垂直于电场时,磁场对气体击穿的影响可以等效于气体压力对气体击穿的影响,如式(1-7)所示:

$$P_e = P \times \sqrt{1 + C \frac{B^2}{p^2}} \qquad (1-7)$$

式中,P_e 表示磁场等效压力,Pa;P 表示气体压力,Pa;C 表示常数;B 表示磁感强度,当磁感强度变大时,气体击穿电压会变小,但是气体击穿电压的最小值不会发生变化。

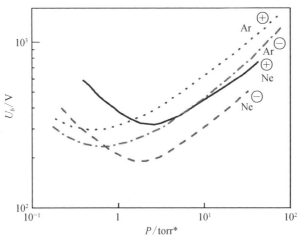

图 1-11　同轴圆筒电极系统的典型实验结果

Radmilovic-Radjenovic 等[32]应用一个简单的粒子网络-蒙特卡罗碰撞模型,在电场和磁场的同时作用下,对氩气和氮气中的击穿现象进行了详细的模拟研究。模型中考虑了电离系数和二次电子产率在磁场中的变化,得出了击穿电压的表达式。Wais 等[33]在平面平行等离子体放电中研究了轴向磁场对气体击穿电离效率系数和二次电子发射系数的影响,研究结果表明,施加轴向磁场后,气体击穿电压会降低 25% 左右,在较高的电极间距下,轴向磁场对击穿电离效率系数的影响显著,但对二次电子发射系数没有明显的影响。在存在外部纵向磁场的情况下,Petraconi 等[34]对低压直流电压下氩气和氮气的放电击穿特性进行了研究,在实验中发现,由于纵向磁场的作用,汤生放电中电子的自由路径变长,横向扩散减小,从而减少了电子向壁面的碰撞损失。

Li 等[35]通过在圆柱形二极管中沿纵向方向施加两个极性的磁场研究了磁场对气体击穿特性的影响,研究发现,电场击穿特性与圆柱形二极管的极性有关。AL-Hakary 等[36]计算了在不同气压(0.2~5 Torr)下,氮等离子体在轴向磁场强度为 0~6.5 G 的正柱中的等离子体传输系数,结果表明,电子的密度和迁移率都随轴向磁场强度的增大而增大,而电子的漂移速度却随轴向磁场强度的增大而减小。

───────────────

＊　1 Torr ≈ 133 Pa。

Blevin 等[37]针对稳态和脉冲条件下都存在横向磁场的情况,推导了汤生放电中电子密度的表达式,结果表明,电子漂移速度的两个分量和描述密度分布所需的四个扩散系数可以通过观察从放电中发出的光子来确定。

从上述研究可知,与传统正交电磁场下的气体击穿过程相比,霍尔推力器的点火过程具有明显的不同之处,主要包括以下几个方面。第一,传统正交电磁场下的气体击穿过程一般都具有相对较为理想的研究环境,如板和板之间,而且电场和磁场通常都是匀强的。而推力器的点火过程发生在环形通道下,一般情况下,电场和磁场不仅不是匀强的,而且具有复杂的分布。第二,传统气体击穿过程中,维持放电的二次电子主要来源于离子轰击阴极表面,而推力器点火过程中,维持放电的电子是单独通过一个阴极电子源来不断供给的。第三,气体击穿过程中,气体大多是处于静止状态的,但在推力器的点火启动过程中,气体处于流动状态。第四,气体击穿过程研究中,阴极和阳极的形状一般相对较为规则,多以板-板电极为主,与霍尔推力器的阴极和阳极显著不同,因此霍尔推力器的点火过程更加复杂。

因此,在实际研究阴极和推力器的点火启动过程中不能完全采用正交电磁场下的气体击穿理论去解释点火过程中发生的现象,而是需要结合实际点火情况去合理地借鉴相关的理论和方法。

参考文献

[1] Nieto-Peroy C, Emami M R. CubeSat mission: from design to operation[J]. Applied Sciences, 2019, 9(15): 3110.

[2] Dubois L, Gaboriau F, Liard L, et al. ID-HALL, a new double stage Hall thruster design. I. Principle and hybrid model of ID-HALL[J]. Physics of Plasmas, 2018, 25(9): 093503.

[3] Nakano M, Nakamura K, Nakagawa Y, et al. Numerical simulation of full-aperture-pair ion optics in a miniature ion thruster[J]. Physics of Plasmas, 2018, 25(1): 013524.

[4] Wu Z W, Sun G. Continuous discharge in micro ablative pulsed plasma thrusters[J]. Acta Astronautica, 2018, 149: 11 - 14.

[5] 李杰. 大高径比霍尔推力器的理论与实验研究[D]. 哈尔滨: 哈尔滨工业大学, 2011.

[6] 毛根旺, 韩先伟, 杨涓, 等. 电推进研究的技术状态和发展前景[J]. 推进技术, 2000(5): 2 - 6.

[7] 吴汉基, 蒋远大, 张宝明, 等. 电火箭推进的空间探测器[J]. 中国航天, 2006(4): 24 - 28.

[8] Boeuf J P. Tutorial: physics and modeling of Hall thrusters[J]. Journal of Applied Physics, 2017, 121(1): 011101.

[9] Kim V, Popov G, Tverdokhlebov S, et al. Overview of russian EP activities[C] Huntsville: 39th AIAA/ASME/SAE/ASEE Joint Propulsion Conference and Exhibit, 2003.

[10] 邱刚, 康小录. BPT - 4000 霍尔推力器功率处理单元[J]. 火箭推进, 2013, 39(2): 67 - 73.

[11] Celik M, Batishchev O, Martinez-Sanchez M. Use of emission spectroscopy for real-time assessment of relative wall erosion rate of BHT - 200 Hall thruster for various regimes of operation [J]. Vacuum, 2010, 84(9): 1085 - 1091.

[12] Gascon N, Dudeck M, Barral S. Wall material effects in stationary plasma thrusters. I. parametric studies of an SPT－100[J]. Physics of Plasmas, 2003, 10(10): 4123－4136.

[13] Hamada Y, Bak J, Kawashima R, et al. Hall thruster development for Japanese space propulsion programs[J]. Transactions of the Japan Society for Aeronautical and Space Sciences, 2017, 60(5): 320－326.

[14] Kim H, Choe W, Lim Y, et al. Magnetic field configurations on thruster performance in accordance with ion beam characteristics in cylindrical Hall thruster plasmas [J]. Applied Physics Letters, 2017, 110(11): 114101.

[15] 康小录,张岩,刘佳,等. 大功率霍尔电推进研究现状与关键技术[J]. 推进技术,2019,40 (1): 1－11.

[16] Wei L Q, Li W B, Ding Y J, et al. Study on ion energy distribution in low-frequency oscillation time scale of Hall thrusters[J]. European Physical Journal Plus, 2017, 132(11): 452.

[17] Ding Y J, Li H, Wei L Q, et al. Overview of Hall electric propulsion in China[J]. IEEE Transactions on Plasma Science, 2017, 46(2): 263－282.

[18] 邱刚,康小录. BPT－4000 霍尔推力器功率处理单元[J]. 火箭推进,2013,39(2): 67－73.

[19] 王立君,柳珊,唐姝芳. 一种新型 Bang-Bang 电磁阀的研制[J]. 火箭推进,2019,45(1): 48－52.

[20] 谢红军,洪鑫. 深空探测器推进系统[J]. 上海航天,2003,20(2): 38－43.

[21] Hoskins W A, Cassady R J, Morgan O, et al. 30 years of electric propulsion flight experience at aerojet rocketdyne[C]. Washington D C: 33st International Electric Propulsion Conference, 2013.

[22] 徐学基,诸定昌. 气体放电物理[M]. 上海: 复旦大学出版社,1995.

[23] 杨津基. 气体放电[M]. 北京: 科学出版社,1981.

[24] Smimov B M. Physics of Weakly Ionized Gases: Problems and Solutions[M]. Moscow: Mir Publisher, 1981.

[25] Paschen F. Ueber die zum funkenübergang in luft, wasserstoff und kohlensäure bei verschiedenen drucken erforderliche potentialdifferenz[J]. Annalen der Physik, 1889, 273(5): 69－96.

[26] Townsend J, Tizard H. The motion of electrons in gases[J]. Proceedings of the Royal Society of London, 1913, 88(604): 336－347.

[27] 廖作敏. 大气压均匀介质阻挡放电研究[D]. 北京: 北京理工大学,2010.

[28] 侯清润,茅卫红,陈宜保. 气体放电实验与帕邢定律[J]. 物理实验,2004,24(1): 3－4.

[29] Jones T B. Electrical breakdown limits for MEMS [D]. Rochester: University of Rochester, 2010.

[30] Hassouba M A, Dawood N. Study the effect of the magnetic field on the electrical characteristics of the glow discharge[J]. Advances in Applied Science Research, 2011, 2(4): 123－131.

[31] Blevin H A, Haydon S C. The Townsend ionization coefficients in crossed electric and magnetic fields[J]. Australian Journal of Physics, 1958, 11(1): 18－34.

[32] Radmilovic-Radjenovic M, Radjnovic B. The influence of the magnetic field on the electrical breakdown phenomena[J]. Plasma Science and Technology, 2007, 9(1): 45－51.

[33] Wais S I, Mohammed R Y, Yousif S O. Influence of axial magnetic field on the electrical

breakdown and secondary electron emission in plane-parallel plasma discharge [J]. World Academy of Science, Engineering and Technology, 2011, 5(8): 1226 – 1231.

[34] Petraconi G, Maciel H S, Pessoa R S, et al. Longitudinal magnetic field effect on the electrical breakdown in low pressure gases [J]. Brazilian Journal of Physics, 2004, 34 (4B): 1662 – 1666.

[35] Li S Z, Uhm H S. Influence of magnetic field on the electrical breakdown characteristics in cylindrical diode[J]. Physics of Plasmas, 2004, 11(7): 3443 – 3448.

[36] AL-Hakary S K, Saffo M A. Influence of axial magnetic field on the transport coefficients of nitrogen plasma at moderate pressures[J]. Journal of Education and Science, 2006, 18(9): 53 – 64.

[37] Blevin H A, Brennan M J. Townsend discharges in transverse magnetic fields[J]. Australian Journal of Physics, 1983, 36(6): 859 – 866.

第 2 章
空心阴极点火启动过程

在霍尔推力器中,空心阴极发射的电子中,一部分作为"电子源"进入通道内参与工质电离,另一部分作为"中和器",与羽流中的离子结合形成离子补偿。因此,阴极点火是霍尔推力器成功点火的先决条件,如果阴极点火失效,那么整个霍尔电推进系统的点火成功将无从谈起。目前,根据在启动工作前是否加热,可将空心阴极分为两种类型:热阴极和冷阴极,热阴极在启动前通过热子加热发射体达到热发射温度,再通过高压引出电子,而冷阴极(一般也称为无热子阴极)无加热器,直接通过强电场击穿引出电子,建立放电后离子轰击发射体转为热发射状态。对于霍尔推力器点火启动过程,空心阴极启动是第一步,阴极提供点火启动最初的种子电子,目前热阴极和冷阴极两种类型的空心阴极均得到了相对广泛的研究,本章分别对两种阴极的启动过程进行分析,为后续分析推力器的点火启动过程提供基础。

2.1 热阴极点火启动过程

2.1.1 热阴极启动影响因素

热阴极主要由钨顶、加热器、发射体、隔热屏和外部防护壳等组件构成,结构如图 2-1 所示。

发射体及热防组件是空心阴极的核心,主要用于电子发射。发射体主要选用逸出功低的六硼化镧(LaB$_6$)或钡钨氧化物等材料。相比钡钨氧化物,虽然六硼化镧的逸出功稍高,但其抗中毒性能较强、材料致密、工作寿命长。隔热屏主要用于减小热子加热和发射体工作时的热量损失,提高热量利用效率,通过多层阻隔的办法实现热量防护。加热器的作用是在空心阴极启动时给发射体提供必要的能量,使其温度达到可以发射电子的状态。发射体的启动温度可高达 1 600℃左右,因此需要选择耐高温材料。防护壳及阴极底座(未在图中标出)是辅助结构部分,主要用于阴极的整体防护和支撑,一般采用钽、钼等耐溅射材料,电绝缘则利用陶瓷进行隔离。

热阴极的工作原理如下:推进剂(现阶段主要的推进剂是 Xe、Kr、Ar 等)通过供气管路进入阴极管内;热阴极启动阶段,先用通以一定电流的加热器加热发射体,降

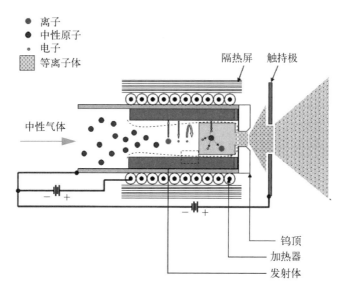

离子
中性原子
电子
等离子体
隔热屏
触持极
中性气体
钨顶
加热器
发射体

图 2 - 1 空心阴极剖面示意图

低电子发射所需的能量。由于触持极小孔的存在,触持极和阴极顶孔之间形成高气压环境,在触持极上施加高电势的点火电压,高电压击穿推进剂气体放电,产生等离子体,正离子在电场的引导下轰击发射体表面,同时电离区向发射体转移,在发射体下游表面产生亚微米级鞘层。在鞘层电势的作用下,热发射的初始电子在发射体内部振荡,并与推进剂碰撞电离。在阴极管限流小孔的作用下,阴极管内部气压很高,电离形成了高密度的等离子体。离子在鞘层的作用下轰击加热发射体,使发射体维持在自持的电子发射状态;电子则被阴极外部高电势吸引,进而被引出,这时关闭加热器电流,切断触持电压,热阴极处于稳定的低电压高电流的弧光放电状态。由此可见,热阴极的点火启动过程主要受阴极点火参数的影响,包括阴极供气流量、加热电流和点火电压等。

2.1.2 热阴极启动边界

1. 热阴极启动特性

本节通过实验结果展示热阴极在启动过程中的加热特性及参数变化规律,使用的热阴极设计参数如下:钨顶孔直径为 0.35 mm,发射体外径为 4 mm、内孔直径为 2 mm,加热丝有效长度为 201 mm,点火电压为 250 V。

图 2 - 2~图 2 - 4 给出了热阴极在 8 A 恒流加热模式下,加热器加热电压、

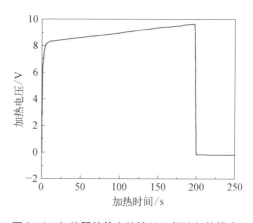

图 2 - 2 加热器的伏安特性(8 A 恒流加热模式)

加热功率和加热丝电阻值随时间的变化情况。从图中可以看出,热阴极工作在恒流模式下,随着加热器加热时间的增加,热量累积,导致加热器温度升高,进而使加热丝电阻值和加热电压升高。加热电压和加热功率首先会在十几秒内迅速上升,然后进入一个较为缓慢的增长区,最后增长率几乎不变,直至空心阴极点着。

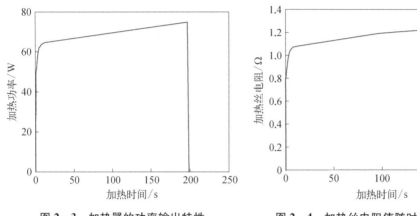

图 2 - 3　加热器的功率输出特性（8 A 恒流加热模式）　　图 2 - 4　加热丝电阻值随时间的变化情况（8 A 恒流加热模式）

图 2 - 5 和图 2 - 6 给出了热阴极在加热启动、放电稳定,直至熄火关闭的整个工作循环过程中典型参数的变化特性。从图中可以看出,热阴极启动后,空心阴极放电会出现一个稳定过程,包括阳极电压、触持极电压、工作气压及温度等参数的平衡过程。实验结果显示,电参数会在 1 min 内基本达到稳定,气压则需要几分钟,热平衡所需时间更长。

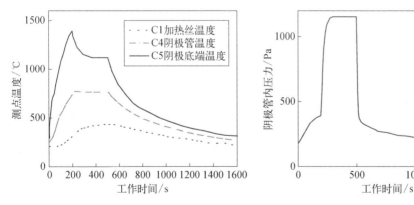

图 2 - 5　典型测点温度在阴极加热、运行和冷却过程中的变化情况　　图 2 - 6　阴极管内压力在阴极启动、放电和冷却过程中的变化情况

值得注意的参数变化有两个,第一是热分布特性,加热丝的温度会随着加热器电流的关闭而快速下降 300℃ 左右,但发射体的高温使得加热丝的温度维持在一

个高位,温度值约为1 100℃。但阴极管中心及底端上的温度则变化不大,甚至一直在上升,说明阴极启动过程处于典型的非热平衡状态。第二是阴极管内的气压,随着加热器对阴极管的加热作用,管内温度升高,使管内压力逐渐增大,压力增长规律类似于温度上升的趋势。在阴极点火后,等离子体的加热和节流效应显著增强,使阴极内部的压力突然升高2倍。在阴极关闭后,压力也会迅速降低到原来点火状态下的数值。

2. 阴极点火参数变化对临界点火电压的影响

从前面对阴极启动过程的描述可知,阴极自身的点火过程受阴极点火参数的影响,显然点火成功存在点火参数边界。点火边界可用阴极的临界点火电压表征[1],可以通过如下实验来确定:保持阴极流量和加热电流不变,逐渐增大点火电压,直至阴极成功点火,记录下此时点火电压的数值,作为阴极临界点火电压,改变阴极流量和加热电流,重复上述步骤,得到的结果如图2-7所示。

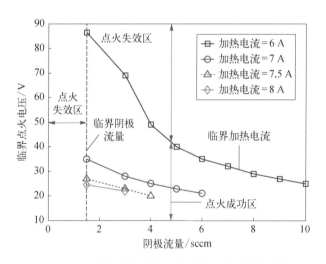

图2-7 阴极临界点火电压随点火参数的变化特性

从图2-7中可以看出,在加热电流高于临界值的情况下,阴极临界点火电压随着加热电流的增大而逐渐降低。这是由于当阴极加热电流逐渐增大时,加载在阴极发射体上的功率更高,阴极发射体就能更快地达到更高的温度,阴极发射电子的能力也更强,而且发射后的电子也更容易在热扩散作用下流入阴极出口区域,最终阴极在相对较低的临界点火电压下成功点火。并且在实验中发现,阴极加热电流为7 A时,当阴极流量高于6 sccm后,阴极不需要点火电压即可自发点火成功。同时,随着加热电流变大,这个现象更加明显。

同样,在阴极流量高于临界值的情况下,阴极临界点火电压随着阴极流量的增大而逐渐降低,这是由于阴极的点火过程是一个典型的气体击穿过程,服从帕邢定律。

当阴极流量逐渐增大时,阴极触持极和钨顶孔之间的压力也会逐渐增大,导致压强和间距的乘积增大,进而使得击穿电压逐渐降低。加热电流从 7 A 开始增大,阴极临界点火压降低的效果逐渐减弱,也就是说,当阴极的加热电流超过某一阈值之后,临界点火压降低的效果会逐渐趋于饱和。在相同的阴极流量下,当加热电流从 6 A 增大到 7 A 时,阴极的临界点火电压下降的效果最优,尤其在阴极流量位于临界值时。

最后,由图 2-7 可知,在其余参数不变的情况下,阴极流量和加热电流都具有一定的边界,即阴极并不是在所有点火参数下均能成功点火,而是具有一个可靠的点火区域,当阴极流量或阴极加热电流低于临界值后,阴极始终无法完成点火。此外,图 2-7 的结果也可以从另一个角度来理解,即当阴极点火参数进入点火成功区后,点火电压越高,阴极越能在较低的加热电流和供气流量下完成点火,从而拓宽了二者的边界。因此,当点火参数进入点火成功区域后,随着阴极流量、加热电流和点火电压逐渐增大,阴极能更加容易地完成点火。

3. 阴极点火参数不确定性对其临界点火电压的影响

在阴极实际的点火过程中,其点火参数存在输出不确定性的问题,而这些点火参数的输出不确定性又会导致阴极临界点火电压发生变化,进而导致阴极在设定的点火参数下出现点火失效的故障。在实验中,人为改变加热电流和供气流量,研究不同阴极流量下加热电流的输出不确定性(分别为±2%和±5%)和阴极流量的输出不确定性(分别为±5%,±10%和±15%)对阴极临界点火电压的影响,结果分别如图 2-8 和图 2-9 所示。

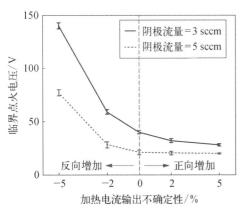

图 2-8 阴极加热电流输出不确定性对临界点火电压的影响

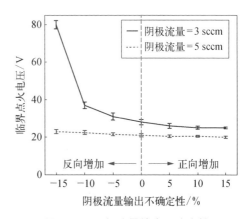

图 2-9 阴极流量输出不确定性对临界点火电压的影响

由图 2-8 可知,无论阴极流量为标准工况下的 3 sccm 还是 5 sccm,当阴极加热电流输出不确定性反向增加时,阴极临界点火电压会显著升高;而当阴极加热电流输出不确定性正向增加时,尽管阴极临界点火电压仍会降低,但相对变化率远低于输出不确定性反向增加时。由图 2-9 可知,当阴极流量为 3 sccm 时,当阴极加热电流输出不确定性反向增加时,阴极临界点火电压显著升高;而当阴极流量输出不确定性正向增加时,尽管临界点火电压仍会降低,但相对变化率远低于输出不确定性反向增加时。但是,当阴极流量为 5 sccm 时,阴极流量的输出不确定性对阴极的临界点火电压几乎没有明显的影响。这是由于当阴极流量较大时,这种输出不确定对临界点火电压的影响被流量增大的效果覆盖了。

2.2　无热子空心阴极启动过程

相比热空心阴极,无热子空心阴极省去了加热器(热子),其启动方式有所不同。空心阴极的启动过程就是加热发射体,使其转入热发射。热阴极是通过发射体外表面布置的热子,利用加热电源提供的加热功率来对发射体进行加热,其启动物理过程相对清晰。而无热子空心阴极是通过气体击穿产生高能离子,高能离子经过等离子体与发射体表面之间的鞘层加速,撞击发射体,以完成对发射体的加热,启动过程较为复杂,本书只作简要讨论,详细介绍可以参考丛书其他专著。

典型的无热子空心阴极结构如图 2-10 所示,等离子体放电在无热子空心阴极的启动中是最重要的物理过程。无热子空心阴极启动时,在触持极与钨顶孔之间发生气体击穿,而形成的等离子体最终将进入孔区,其中离子经由鞘层加速撞击发射体进行加热,最终转到热发射。启动过程的内部放电机制极为复杂,难以用简单的理论进行分析。采用数值模拟的手段,可以在已知的边界条件和初始条件下,对无热子空心阴极的启动过程进行简化的模拟计算,有助于加深对启动机理的认识。

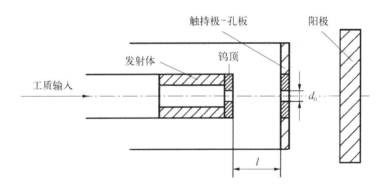

图 2-10　典型无热子空心阴极结构

2.2.1　无热子空心阴极放电的二维流体模型

1. 几何模型

模型采用二维轴对称设计,在 COMSOL 内建立无热子空心阴极的仿真几何模型,如图 2-11 所示。因为启动过程的等离子体放电主要集中在触持极内,为提高计算速度,外部的网格不需要很密,所以使用一条连接触持极与对称轴线的斜线,对模型区域进行分块,得到尽可能少的网格,减少计算量。节流小孔处密集的线段是绘制网格的辅助线,用来优化网格设计。网格模型如图 2-12 所示,对鞘层区域、等离子体放电集中的节流小孔区域,以及触持极与发射体之间的区域进行了加密,同时尽量减少触持极出口外区域及发射体与钨顶区域的网格数量。

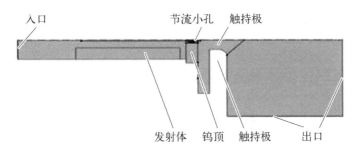

图 2-11　无热子空心阴极仿真几何模型

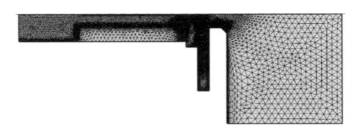

图 2-12　无热子空心阴极网格模型

2. 等离子体放电模型

无热子阴极启动主要是空心阴极内各种粒子在高电压作用下的碰撞、电离和激发过程。忽略离子激发过程和电荷碰撞交换过程,模型中只考虑弹性碰撞和一价直接电离碰撞过程,包含的粒子有电子、Xe 原子、Xe^+ 离子,碰撞截面面积与电子能量的关系如图 2-13 所示。

采用碰撞截面面积与电子能量分布函数的卷积计算反应速率,其对应公式如下:

$$k = \sqrt{2e/m_e} \int_0^\infty f_0(w) \sigma(w) w \mathrm{d}w \qquad (2-1)$$

式中,e 表示元电荷(C);m_e 表示电子质量(kg);$\sigma(w)$ 表示碰撞截面面积(m^2);$f_0(w)$ 表示电子能量分布函数(electron energy distribution function,EEDF),w 表示电子能量。

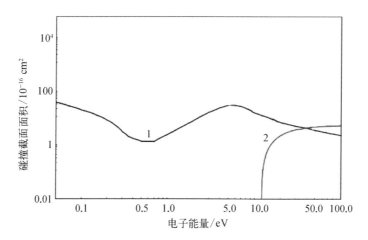

图 2 - 13 碰撞截面面积与电子能量的关系

1-弹性碰撞截面;2-直接电离截面

电子能量分布函数在模型里采用麦克斯韦分布:

$$f_0(w) = \frac{2\sqrt{w}}{e\sqrt{\pi}\,T_e^{\frac{3}{2}}}\exp(-w/T_e) \tag{2-2}$$

式中,e 表示电荷常数;w 表示电能;T_e 表示电子温度。

电子和离子的运动过程通过输运方程来进行描述,考虑了电场、密度梯度和碰撞效应。电子守恒方程如下:

$$\frac{\partial n_e}{\partial t} + \nabla \cdot \Gamma_e = R_e \tag{2-3}$$

$$\frac{\partial n_s}{\partial t} + \nabla \cdot \Gamma_s + E \cdot \Gamma_e = R_s \tag{2-4}$$

式中,n_e 表示电子密度($1/m^3$);n_s 表示单位体积能量密度(V/m^3);R_e 表示电子产生速率源项$[1/(m^3 \cdot s)]$;R_s 表示能量源项$[V/(m^3 \cdot s)]$;Γ_e 表示电子通量$[1/(m^2 \cdot s)]$;Γ_s 表示电子能量通量$[V/(m^2 \cdot s)]$;E 表示电场(V/m)。

其中,Γ_e、Γ_s 分别为

$$\Gamma_e = -(\mu_e E)n_e - D_e \nabla n_e \tag{2-5}$$

$$\Gamma_s = -n_s(\mu_s E) - D_s \nabla n_s \tag{2-6}$$

式中,μ_e 表示电子迁移率$[m^2/(V \cdot s)]$;μ_s 表示电子能量迁移率(m^2/s);D_e 表示

电子扩散系数(m^2/s);D_s 表示能量扩散系数(m^2/s)。

电子迁移率 μ_e 设为定值,电子能量迁移率 $\mu_s = 5/3\mu_e$。 电子扩散系数为 $D_e = T_e\mu_e$,而 $D_s = T_s\mu_s$。

电势分布通过解泊松方程求解:

$$\nabla \cdot \nabla\varphi = -e(n_i - n_e)/\varepsilon_0 \qquad (2-7)$$

式中,n_i 为离子密度,模型中的初始等离子体密度设为 $10^8/m^3$;ε_0 表示真空介电常数。

由于无热子空心阴极的点火过程发生的时间短,空心阴极内的气压没有明显的变化,参考冷态气压结果[2]对空心阴极内的气压采用恒定压力分布设置,如图 2-14 所示。

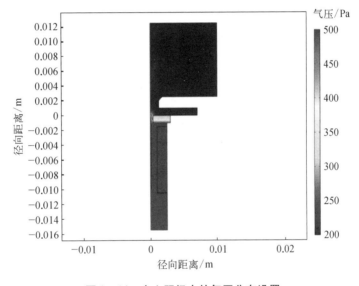

图 2-14　空心阴极内的气压分布设置

3. 离子撞击壁面的边界条件

氩离子和钾离子轰击钨靶材时的二次电子发射系数 γ 与离子能量 W 的关系参见图 2-15。这些离子电荷相等,都是一价离子。由图可见,氩离子能量较低时,二次电子发射系数与离子能量无关。钾离子不存在电势截断,因此电子溢出为 0。快离子和电子的相互作用与电子云结构无关,因此氩离子和钾离子的动能截断相同。氙离子的二次电子发射系数规律与氩离子类似,在 1 000 eV 以内,二次电子发射系数都与离子能量无关。而模型中的加载电压最高不超过 500 V,所以模型中的二次电子发射系数可以取常数,其中氙离子撞击铈钨的二次电子发射系数为 0.15,氙离子撞击发射体的二次电子发射系数为 0.5,发射的二次电子能量取最大值。

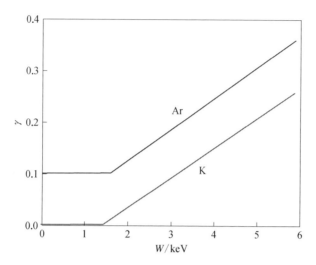

图 2 - 15 二次电子发射系数与离子能量的关系

4. 其他边界条件

在对称轴上,电子密度和电子能量密度的边界条件为

$$n \cdot Q = 0, \quad n \cdot \Gamma_e = 0 \tag{2-8}$$

式中,n 为边界的单位法向量。

在吸收边界上,电子密度和电子能量密度的边界条件分别为

$$n \cdot \Gamma_e = \frac{1}{2} v_{e,\text{th}} n_e - \sum \gamma_i (\Gamma_i \cdot n) \tag{2-9}$$

$$n \cdot \Gamma_s = \frac{5}{6} v_{e,\text{th}} n_s - \sum \gamma_i \varepsilon_e (\Gamma_i \cdot n) \tag{2-10}$$

式中,γ_i 表示离子撞击壁面的二次电子发射系数;ε_e 表示二次电子发射的能量。$v_{e,\text{th}}$ 为电子平均热速率,计算公式为

$$v_{e,\text{th}} = \sqrt{\frac{8eT_e}{\pi m_e}} \tag{2-11}$$

在对称轴上,离子的边界条件为

$$\Gamma_i \cdot n = 0 \tag{2-12}$$

在吸收边界上,离子边界条件是通过表面反应给定的,其边界条件为

$$r = k_s^f \prod_{k=1}^{Q} c_k^v \tag{2-13}$$

式中，r 为反应速率，mol/（L·s）；k_s^f 为反应前项系数，m³/s；c_k^v 为参与反应的各组分浓度，mol/L；Q 为参与反应组分个数。

在对称轴（$r=0$）上，电势 φ 的边界条件为

$$E \cdot n = 0 \tag{2-14}$$

在无热子空心阴极的发射体和钽管上给定零电势[3]。

2.2.2　无热子空心阴极启动过程中的等离子体特性

模拟结果表明，无热子空心阴极在点火启动过程中形成的等离子体运动具有较强的规律性，大致可以分成 3 个阶段：密度增长阶段、转移阶段和维持阶段。

1. 密度增长阶段

点火启动过程中，首先是等离子体密度增长阶段，此时触持极上的电势和等离子体密度逐步上升，等离子体密度分布如图 2-16 所示，空间电势云图如图 2-17 所示。从图中可以看出，在等离子体密度逐渐上升的过程中，等离子体聚集在触持极与发射体间，而空间高电势都位于钨顶的外侧。此时，等离子体密度增长的主要来源是离子撞击钨顶产生的二次电子参与电离，如图 2-18 所示。在这个过程中，等离子体的扩张和密度的增长与钨顶发射的二次电子通量形成了正反馈：随着等离子体扩张和密度增大，撞击钨顶的离子数量和撞击钨顶的范围逐渐增大，从而产生更多的二次电子，进一步加剧了电离过程，促进等离子的扩张和密度的增大。在点火过程的伏安特性曲线上，密度增长过程对应点火电压脉冲峰值的上升阶段。

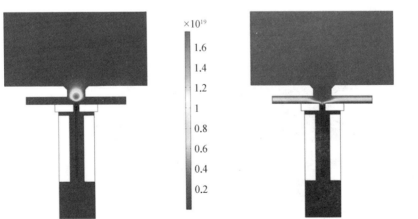

图 2-16　等离子体密度分布云图　　　图 2-17　空间电势云图（单位：V）
　　　　　（单位：1/m³）

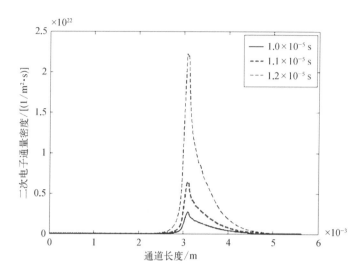

图 2-18 不同时刻钨顶的二次电子通量密度

2. 转移阶段

在密度增长过程中,等离子体密度一边增长,一边在触持极与钨顶间距内缓慢向着节流小孔的出口移动。当等离子体密度达到 $10^{18}/m^3$ 时,等离子体开始进入钨顶节流小孔的孔区,如图 2-19 所示,等离子体在 1 μs 的时间内完成了从节流小

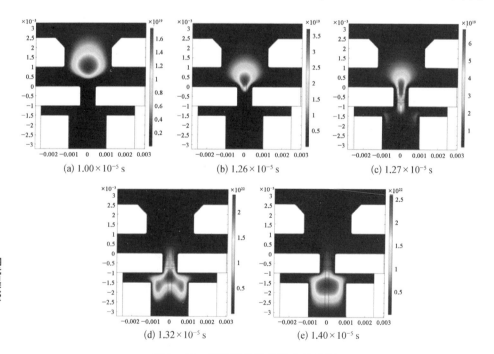

(a) 1.00×10^{-5} s   (b) 1.26×10^{-5} s   (c) 1.27×10^{-5} s

(d) 1.32×10^{-5} s   (e) 1.40×10^{-5} s

图 2-19 等离子体密度的内移过程

孔出口转移到发射体区过程。当等离子体内移进入发射体区时,等离子体密度突增。在这个过程中,空间电势分布随着等离子体的运动也产生了变化,高电势从钨顶外逐渐扩展到了发射体区,如图 2-20 所示。从发射体表面的离子电流可以看出,当等离子体内移至发射体区时,发射体的离子电流突增,如图 2-21 所示,发射体迅速被加热,在此过程中触持极电压骤降,点火冲击电流出现了脉冲峰值。

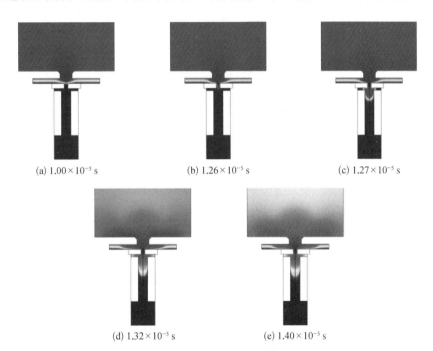

(a) 1.00×10^{-5} s　　(b) 1.26×10^{-5} s　　(c) 1.27×10^{-5} s

(d) 1.32×10^{-5} s　　(e) 1.40×10^{-5} s

图 2-20　空间电势变化图

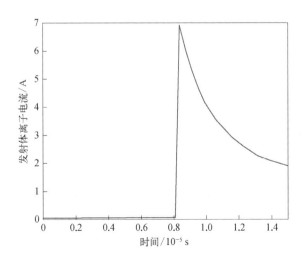

图 2-21　发射体离子电流的变化特性

3. 维持阶段

等离子体进入发射体区后逐步扩展,如图 2 - 22 所示。离子经由发射体表面的鞘层加速撞击发射体,以加热发射体至热发射状态。发射体发射的电子电流由二次电子为主变为以热发射电子为主,空心阴极进入自持放电状态。

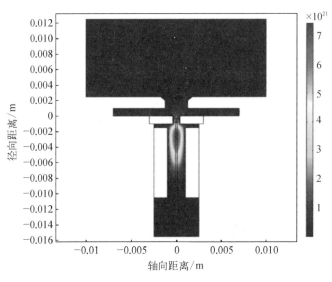

图 2 - 22　维持阶段的等离子体分布情况(单位: $1/m^3$)

发射体转为热发射的过程发生在很短的时间内,此时发射体的内表面温度会瞬间达到热发射条件,而发射体整体温度不高,来不及将热量充分热传导到整个发射体,这个过程需要用到瞬态传热的模型。为了保证计算收敛性,采用普通的传热模型作为替代,定性地描述发射体被加热转入热发射状态的过程。发射体温度变化如图 2 - 23 所示,从图中可以看出,在等离子体的维持过程中,对发射体进行了加热,发射体温度逐渐升高,直至满足热发射条件,进入自持放电阶段,最后进入热平衡状态。由于没有考虑瞬态传热,无法仿真发射体表面迅速积累至高温的结果,发射体的温度升高时间远大于实验结果。

4. 内移的机理分析

模型内初始等离子体的密度为 $10^8/m^3$,随着点火电压加载到触持极上,触持极与钨顶间距内的电子和离子开始被电场加速,形成碰撞电离,电离的初始发生位置是触持极与钨顶之间。被电场加速的离子撞击到电势为 0 的钨顶上,钨顶发射二次电子,二次电子进入空间内继续碰撞电离,促进了等离子体的进一步扩展,等离子体密度进一步增加,而等离子体的扩展和密度的增加又会导致撞击钨顶的离子数量增加和撞击范围扩大,增加了钨顶发射的二次电子数量。同时,由于触持极上的电势一直在升高,撞击钨顶的离子能量也在增大。

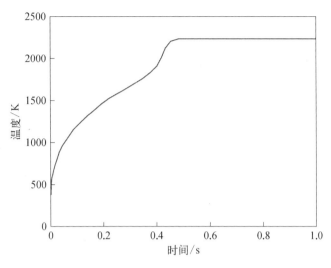

图 2-23　发射体温度变化

　　等离子体密度升高后会逐渐向低密度区扩散,因为高气压区域的气体密度更大,碰撞电离更加频繁,能更快地形成高密度等离子体,所以等离子体会向着气压梯度增大的方向扩散。又因为在触持极与钨顶之间,气压梯度指向钨顶的小孔,所以在维持过程中,等离子体在触持极与发射体内逐步向孔区移动。在移动的同时,等离子体的密度也在进一步增大。

　　随着等离子体逐步向孔区移动,等离子体密度也逐渐增加到了 $10^{18}/m^3$ 量级,此时高密度等离子体阻抗已经很小了,原本只在触持极和触持极外的高电势经由低阻抗的等离子体扩展到了孔区附近,如图 2-20(b)所示。从此时的空间电势分布可以看出,电场加速离子的方向从之前的垂直指向钨顶外侧表面变成了指向孔区内侧,并且随着等离子体的内移和空间电势的进一步扩展,离子加速方向也会更加深入钨顶孔区。越来越多的高能离子撞击钨顶孔区,使得钨顶孔区内产生的二次电子数量逐渐增加,而孔区内的高气压进一步促进了二次电子的碰撞电离,形成高密度等离子体,而这又加速了等离子体的内移和等离子体密度的增大,因此在转移过程中,等离子体密度有一个激增过程。

　　随着等离子体完全进入孔区,空间电势也扩展到了发射体区的端面位置。发射体受到被电场加速的离子的撞击,发射二次电子,在发射体区的高气压下发生碰撞电离。而且因为发射体的二次电子发射率远大于钨顶,所以在发射体区产生的二次电子数量会远大于在钨顶产生的二次电子数量,导致在发射体区的二次电子的碰撞电离更加剧烈,快速形成高密度的等离子体,使得等离子体从孔区彻底进入发射体区。

从对等离子体内移的原因分析中可以看出,二次电子发射系数和气压分布是影响等离子体内移的核心因素。

2.3 空心阴极启动过程中的等离子体参数分布演化

2.3.1 等离子体参数分布的演化规律

空心阴极启动过程与阴极结构、材料属性、流量及电路参数等相关,是多种因素共同作用的结果,其中反映等离子体特性的两个参数是电子温度和电子密度。本节以无热子空心阴极的启动过程来说明等离子体参数的分布演化,采用的标准启动工况为阳极电流 8 A、阳极初始电压 50 V、启动电压(触持极初始电压)400 V。为保证无热子空心阴极成功点火,启动初始通入一定时间的大流量(200 sccm)工质,短时间内在阴极内部产生高气压环境,结合触持极施加高压实现气体击穿放电。

1. 伏安特性

空心阴极的触持极电压和电流、阳极电压和电流是空心阴极放电特性的宏观表现,通过测量这些参数可以获得空心阴极启动时的部分放电特性。阴极启动过程中,空心阴极的触持极电压和电流、阳极电压和电流在不同时间内的量级变化趋势见图 2-24。

从图 2-24(a)可知,空心阴极发生点火击穿后,触持极电压在 6 μs 内从 400 V 降到-40 V,并且电压值持续振荡,直至 40 μs 时达到较为稳定的 20 V。阳极电流在 3 μs 时达到峰值,此时阳极电压等于触持极电压。此后,阳极电压始终大于触持极电压,等离子体在阳极的更高电势的牵引下,以级联电子雪崩的形式向阳极扩散。在初始的 90 μs 内,触持极电流和阳极电流均很大。触持极的高电流脉冲是与之相连的储能电容放电导致的,而阳极电源出口的电容放电决定了初始时的阳极高电流。

由图 2-24(b)可知,整个阳极高电流状态大概持续了 0.015 ms 之后,阳极转入稳流工作模式。触持极电流在 0.25 ms 前有一个负电流脉冲,此时触持极鞘层内的离子电流大于电子电流。因此,当阳极电流维持在设置值 8 A 时,整个系统的宏观伏安特性维持在准稳态状态,阳极电压和触持极电压缓慢下降,阳极电压有小幅度振荡。

图 2-24(c)为启动后前 20 s 内的伏安特性曲线,启动 0.5 s 时刻内,电流有明显振荡,此时阳极电压维持在一个较高的电势;随后阳极电流维持几秒的稳定状态,此时阳极电压和触持极电压均有所降低,处于准稳态的点模式放电,之后阳极电流开始产生小幅波动,阳极电压因等离子体的振荡而有所上升。

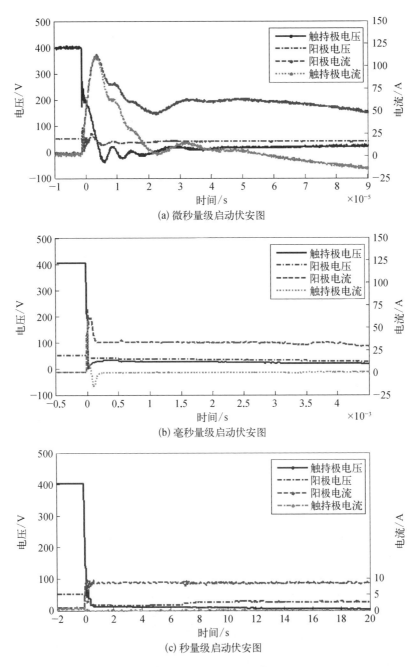

(a) 微秒量级启动伏安图

(b) 毫秒量级启动伏安图

(c) 秒量级启动伏安图

图 2-24　阴极启动过程伏安图

2. 典型的等离子体参数分布演化特性

空心阴极启动初始,等离子体参数在空间和时间上发生剧烈演变。这里借助高速相机对整个启动过程中空心阴极内等离子体的发光成像进行拍摄,对不同时间尺度的启动过程进行信息采集,为便于图像采集,通过阴极壳体开槽的透明设计实现阴极内部的发光拍摄。采用 KURO 高速相机,它具有高频率摄取光强信息的能力,具有较高的空间分辨率,对弱光强也具有较强的信号摄取能力,且每个感光单元对光强响应的一致性较高。选择的相机采样率为 300 帧/s 和 20 000 帧/s,分辨率为 258 像素×128 像素,相机距离阴极 0.5 m。

因为点火电压施加在触持极和钨顶孔之间,所以在触持极和钨顶孔之间的区域内首先发生击穿放电现象,见图 2-25(b)。又由于级联雪崩效应产生了更多的电子,进一步电离工质气体生成等离子体,部分等离子体通过扩散效应进入了发射体内部。相对于等离子体,阴极管内壁始终处于低电势,等离子体通过钨顶孔向发射体内部延伸,最终充满发射体。触持极下游产生羽流是因为与触持极相连的储能电容放电完毕,触持极的电势下降,低于阳极电势,起始阶段产生的大量等离子体在阳极高电势的引导下向阳极扩散,即阳极与阴极之间通过等离子体产生了放电通路。

如图 2-25(c)所示,阳极和阴极之间有一个很明显的放电通道,这是因为此时触持极和阳极的高电势有助于产生大量的高能电子,高密度和高能量的电子促使等离子体跃迁辐射更多的光子。

如图 2-25(d)所示,羽流区和整个阴极发出的光强较弱,主要是因为触持极电容放电完毕的同时,阳极、阴极通过等离子体产生放电通路,导致阳极电源进入恒流模式,阳极电势降低,等离子体的离子和电子能量减小。

如图 2-25(e)和(f)所示,触持极出口处有一个白色亮斑,发射体内部的白色亮斑区域发生变化,时而局限于发射体下游部分,时而充满整个发射体内部。此时,发射体受到离子轰击,但主要的热沉积局域是不稳定的,发射体温度升高,产生电子热发射。

如图 2-25(g)所示,发射体区的亮斑位置稳定,一段时间内等离子体的发光区域和亮度无明显变化,进入稳定的点模式。

图 2-25(h)显示,羽流区的等离子体发光区域不再局限于触持极出口处,羽流变得发散。

图 2-25(i)显示阴极处于热平衡状态,已经进入稳定的羽流模式。

采用波片的形式拍摄特定波段的光谱空间分布,利用局部热平衡模型计算标准工况下启动过程中不同阶段的电子温度和电子密度分布。由于电子密度分布梯度较大,将电子密度分布取对数显示。实验中使用的 KURO 相机拍摄频率为 125 帧/s,每次曝光时间为 200 μs,将相机设置为外触发模式。将空心阴极的电流通过电流探头转化为电压信号作为 KURO 相机的外触发信号。相机前置中心波长为 480 nm、540 nm、830 nm 的滤波片,分别拍摄同种工况下不同时刻的启动图像。

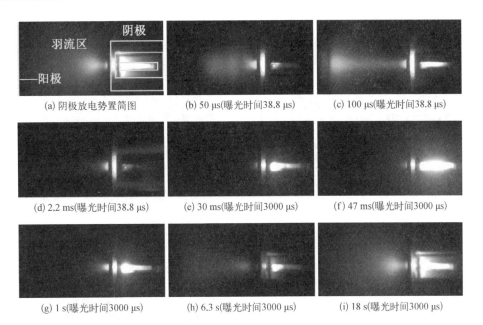

(a) 阴极放电势置简图   (b) 50 μs(曝光时间38.8 μs)   (c) 100 μs(曝光时间38.8 μs)

(d) 2.2 ms(曝光时间38.8 μs)   (e) 30 ms(曝光时间3000 μs)   (f) 47 ms(曝光时间3000 μs)

(g) 1 s(曝光时间3000 μs)   (h) 6.3 s(曝光时间3000 μs)   (i) 18 s(曝光时间3000 μs)

图 2-25　启动过程中的阴极发光图像

不同时刻的电子温度和电子密度对数分布如图 2-26 所示,图 2-26(a) 和 (b) 显示,在 100 μs 时整个阴极和羽流区充满高密度等离子体,因为初始时刻流量很大,整个空间内的等离子体密度很高,在羽流的轴向方向上形成高密度等离子体区,这与图 2-25 中观测到羽流区有一个等离子体柱的现象吻合,但是这个区域的电子温度小于周围羽流区电子温度。如图 2-26(c) 和 (d) 所示,0.2 s 时刻的图像对应加热模式,此时发射体内部充满高密度等离子体,整体电子温度为 0.5~1.5 eV。如图 2-26(e) 和 (f) 所示,3 s 时刻的图像对应羽流模式,此时气体流量较低,发射体区电子温度在 1 eV 附近,等离子体高密度区域集中在发射体下游,约为 $2\times10^{23}/m^3$,羽流发散;受到阳极电压影响,越靠近阳极区域电子温度越高,此时空心阴极已经进入稳定工作模式。

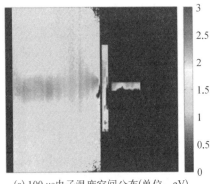

(a) 100 μs电子温度空间分布(单位:eV)

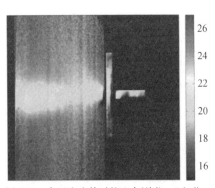

(b) 100 μs电子密度的对数分布(单位:1/m³)

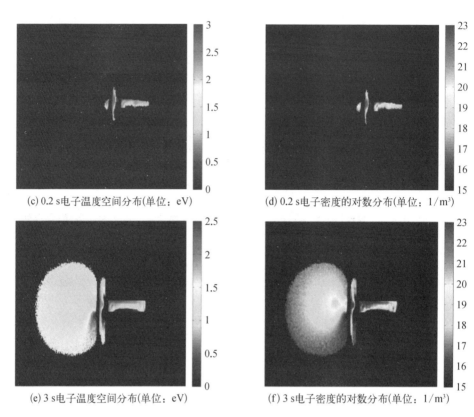

(c) 0.2 s电子温度空间分布(单位：eV)　　(d) 0.2 s电子密度的对数分布(单位：1/m³)

(e) 3 s电子温度空间分布(单位：eV)　　(f) 3 s电子密度的对数分布(单位：1/m³)

图 2-26　不同时刻的电子温度和电子密度对数分布

2.3.2　等离子体参数分布演化的影响因素

在空心阴极整个启动过程中,除了阴极自身的物理结构及材料属性之外,点火电压、初始流量和阳极电流是三个影响等离子体参数演变的重要因素。在启动阶段,无热子空心阴极采用大流量供气,而点火成功之后切换正常的额定小流量,因此整个阴极气压会发生较大变化,而气压分布决定了原子密度的分布。启动过程前期,点火击穿、等离子体过程的演化及对钨顶孔和发射体加热的能量来源主要是触持极电源中电容储存的能量;在点火准备阶段,点火电源内部的电容充电,电容储存电荷,因此点火电压的大小决定了输出电荷的总量及与击穿放电初始的电势差,阳极电流通过等离子体媒介从发射体提取电子的总量。

1. 点火电压对启动过程中等离子体参数演化的影响

点火电压影响阴极气体击穿放电时的参数变化,在点火击穿过程中,点火电压的设定决定了击穿电压值和点火电路中电容储存的电荷大小。利用 KURO 高速相机测量在不同点火电压下,阴极发生击穿放电后 100 μs 时刻的电子温度和电子密

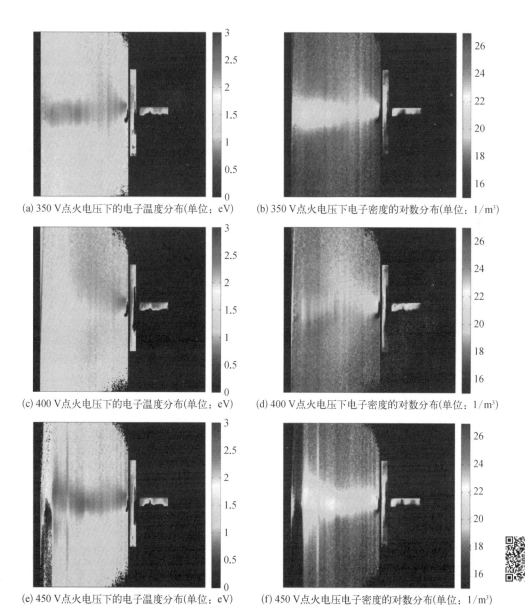

(a) 350 V点火电压下的电子温度分布(单位：eV)

(b) 350 V点火电压下电子密度的对数分布(单位：1/m³)

(c) 400 V点火电压下的电子温度分布(单位：eV)

(d) 400 V点火电压下电子密度的对数分布(单位：1/m³)

(e) 450 V点火电压下的电子温度分布(单位：eV)

(f) 450 V点火电压电子密度的对数分布(单位：1/m³)

图 2 - 27　空心阴极击穿放电后 100 μs 时刻的电子温度和
电子密度的对数分布

度的对数分布如图 2 - 27 所示,KURO 相机的曝光时间设为 100 μs。

空心阴极击穿放电后的 100 μs 时刻,羽流区产生大量的等离子体,在羽流区中部形成清晰的高密度等离子体柱,连接阴极和阳极,但这个区间的电子温度低于羽流的其他区域。在触持极和钨顶孔之间的区域,等离子体密度很大,点火电压越高,这个区域内的电子密度越大。此外,此时等离子体已经充满了发射体区,离子在鞘层的作用下轰击发射体,产生二次电子,同时离子具有的动能以热量的形式沉积到发射体表面,点火电压越高,发射体内部的空间电势越大,离子在更高电势的驱动下轰击发射体,由于二次电子发射和热发射,有更多的电子逃脱原子势能的束缚。

　　点火电压越高,开始时刻的触持极和阴极管之间的电子温度越高,电离率越大。因为当点火电压和空心阴极管内部的气体密度达到气体放电条件时,会在阴极管和触持极之间产生气体放电,气体放电建立起来之后,会在空心阴极管内产生高密度的等离子体。点火电压越高,击穿时刻对应的气压越低,产生的等离子体的平均自由程越大,在电场加速作用下,电子能量越高,电离越充分。同时,实验表明,点火电压的设置仅改变初始阶段的等离子体密度和电子温度,对进入稳态时的等离子体参数没有影响。

　　2. 初始流量对启动过程中等离子体参数演变的影响

　　若设置的点火电压和空心阴极结构保持不变,由帕邢定律可知,只有触持极和钨顶孔之间的气压值满足一定条件时才能发生放电击穿现象,后续气压的演变是影响等离子体电子温度和离子密度的重要影响因素。

　　在空心阴极中选取几个具有代表性的空间位置,如图 2 - 28 所示,对启动过程中的等离子体参数进行统计,不同初始流量下等离子体电子温度和密度的演变情况见图 2 - 29。

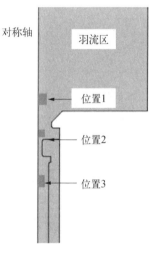

图 2 - 28　等离子体参数测量
　　　　 位置示意图

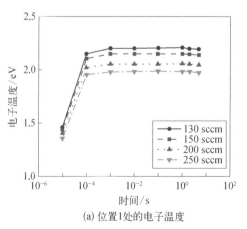

(a) 位置1处的电子温度

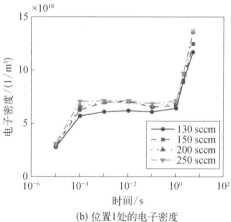

(b) 位置1处的电子密度

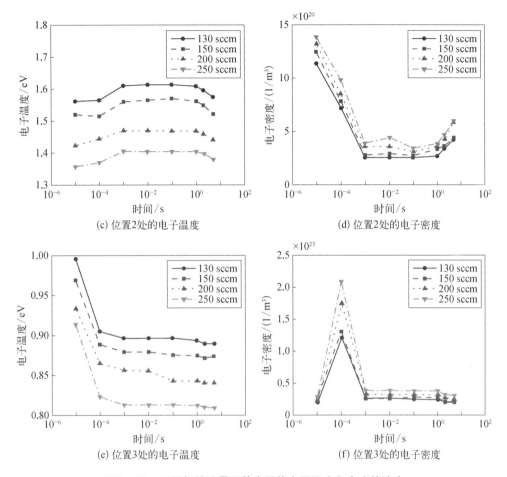

图 2-29　不同初始流量下等离子体电子温度和密度的演变

　　仿真结果显示,供气流量越大,相同时刻相同位置处的电子温度越低,电子密度越大,这主要是因为粒子密度越大,电子的平均自由程越小。

　　3. 阳极电流对启动过程中等离子体参数演变的影响

　　阳极电流的设置决定了电子被阳极接收的数量,从阴极与阳极之间产生放电的时刻起,阳极电流的设定就影响着整个区域的等离子体参数。由图 2-30 可知,启动过程中的阳极电流越大,三个位置处的电子密度越大。但阳极电流对整个空心阴极在不同时刻下的电子温度分布影响有所差异:在位置 1,羽流区大部分时间下的电子温度相差不大;在位置 2,触持极与钨顶孔之间的区域内呈现阳极电流越大,电子温度越低的趋势;在位置 3,即发射体内部,阳极电流越大,电子温度越高,并且电子温度随时间逐渐降低,这主要是由于启动初期的点火电压和阳极电压较高,在 10^{-4} s 时刻形成了一个电子密度峰值。

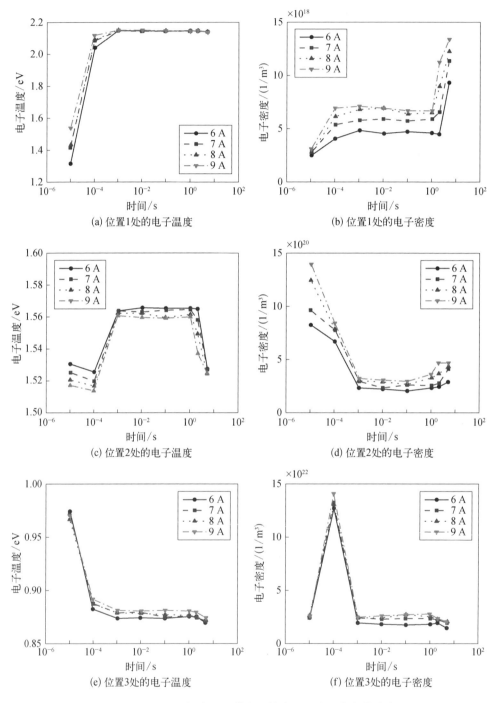

图 2-30　不同阳极电流下等离子体电子温度和密度的演变

2.4　阴极温度分布演化过程

无热子空心阴极启动过程中,采用基于彩色电荷耦合器件(charge-coupled device, CCD)前加滤波片的形式来拍摄启动过程中的图像,从而获得部组件温度的空间分布及演化。黑体辐射发出的光谱经过滤片之后,被彩色 CCD 的传感器接收,经过单色测温法数据处理得到整个温度场的分布。基于能量的转换和平衡关系,分析整个过程能量的传递,分析点火电压、阳极电流、供气流量对温度分布和演化规律的影响。

为了获得关键部组件的温度,在阴极管和石墨套筒外侧切缝,将部分发射体外漏,如图 2-31 所示。选取 3 个特征点,监测温度随时间的变化情况,分别是钨顶孔外侧、阴极管前端及发射体前端。

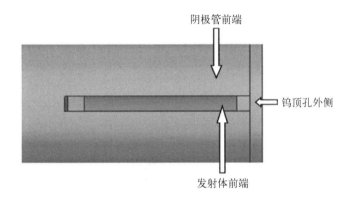

图 2-31　温度测点选取示意图

2.4.1　典型实验结果

根据普朗克辐射定律,感光传感器接收到的有效光强 $L_{\lambda T}$ 为

$$L_{\lambda T} = \frac{1}{\pi} \int_{\lambda_2}^{\lambda_2} \tau_\lambda \varepsilon_\lambda C_1 \lambda^{-5} \left[e^{C_2/(\lambda T)} - 1 \right]^{-1} \mathrm{d}\lambda \qquad (2-15)$$

式中,τ_λ 表示测试目标与感光传感器之间的某一波长的总透过率,$\tau_\lambda = \tau_{\mathrm{glass}} \tau_{\mathrm{atom}} \tau_{\mathrm{filter}}$,等号右侧分别为观察窗石英透光率、大气透光率和滤波片透过率;ε_λ 表示测点的发射率;C_1、C_2 分别表示第一、第二辐射常数,$C_1 = 3.7415 \times 10^8 (\mathrm{W \cdot m^{-2} \cdot \mu m^4})$,$C_2 = 1.43879 \times 10^4 (\mathrm{W \cdot m^{-2} \cdot \mu m^4})$。

单色测温法是对测量目标在某个波段上的辐射积分,利用比色测温计标定材料,通过其绝对值来确定测点的辐射温度。在大气环境下,采用 CCD 对目标进行

辐射测量时,模型如下:

$$I = HL_{\lambda T} + I_0 \qquad (2-16)$$

式中,H 表示单个传感器的光学转换参数;$L_{\lambda T}$ 表示感光传感器接收到的有效光强;I_0 表示感光传感器的暗电流和散射背景辐射造成的结果误差;I 表示对空心阴极拍照得到的数码输出值。

假定在 B_1 波段对测量目标进行监测,可得对应时刻的 B_1 波段在感光传感器上的数码输出值 I_{T,B_1},在此基础上得到 B_1 的辐射亮度:

$$L_{T,B_1} = \frac{1}{\pi} \int_{B_1} \tau_\lambda \varepsilon_\lambda C_1 \lambda^{-5} \left[e^{C_2/(\lambda T)} - 1 \right]^{-1} \mathrm{d}\lambda = I_{T,B_1} - I_0/H \qquad (2-17)$$

材料的发射率无法准确测量,假设材料为灰体,即在同一温度下,这两段波长范围内材料的发射率相等。选取滤波片的滤光范围接近,采用比色法可以消去未知发射率对计算的干扰,认为其对测量结果产生的误差可以忽略。

具体的计算方法如下:预先计算以 0.1 K 为步长,范围内辐射亮度比值,将实验得到的辐射亮度比值与理论结果进行比对,进而得到某空间点的实际温度。该方法测温的有效范围是 850 K 以上,图 2-32 给出了标准启动工况下阴极管温度随时间的变化情况。

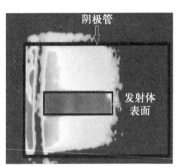

(a) 温度场位置演示

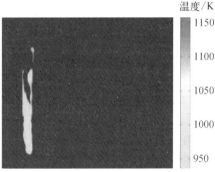

(b) 8.3 s时的温度场

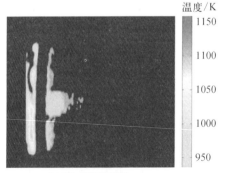

(c) 16 s时的温度场

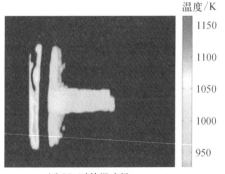

(d) 20 s时的温度场

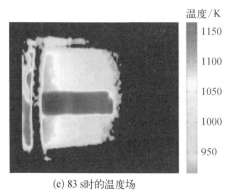
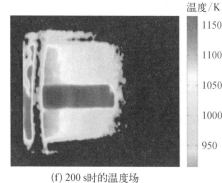

(e) 83 s时的温度场　　　　　　　　　　　　(f) 200 s时的温度场

图 2-32　标准启动工况下阴极管温度随时间的变化情况

2.4.2　阳极电流对阴极温度分布演化规律的影响

改变了阳极电流的温度场变化情况如图 2-33 所示,将 8 A 和 10 A 电流下的温度场演化情况进行对比。

阳极电流的大小决定了从发射体接收的电子数量,发射体的内表面面积为定值,忽略空间电荷效应的影响,假设发射体的有效发射面积为整个内表面,发射体发射的电子数量主要取决于发射电流密度。根据量子力学原理,高于势垒的电子不一定全部都能摆脱势垒的束缚变成自由电子,有可能被反射。采用平均反射系数,根据发射电流密度公式,发射体温度越高,电流发射密度越大。在启动过程中,阳极电流在几微秒内就能达到设定值,说明发射体内表面的温度已经达到了工作温度,但是整个阴极处于冷态,所以热量会逐渐向整个阴极传导,最终达到热稳定状态。

选取的温度测点在不同阳极电流下的温度演变见图 2-34,由图可知,同一时刻,阳极电流值越大,对应的温度场的温度越高。这是因为阳极电流越大时,等离子体与发射体共同作用形成的鞘层电势越高,离子有更多的能量轰击壁面,将电势能转化为热能,沉积到发射体表面。同时,单位时间落在发射体内表面和钨顶孔表面的热沉积越大,温升越快,阳极电流将在更短的时间内达到设定值。整个系统达到热稳态时,阳极电流越大,阴极整体温度越高,因为发射体需要达到更高的温度才能有更大的发射电流密度。

2.4.3　供气流量对阴极温度分布演化规律的影响

由图 2-35 和图 2-36 可知,随着供气流量的增加,阴极管的温升速度变慢,而温度达到稳态时,温度场分布相似。这说明启动过程中供气流量的变化只是改变了温升过程,对稳态温度没有显著影响。供气流量的增加虽然增大了发射体内部的离子密度,但离子平均自由程减小,轰击发射体表面的离子能量减小。二次电子发射和热发射的电子数量相同,带走的热量为定值,因此离子沉积到发射体表面的热沉积功率降低,阴极的整体温升速度减小。

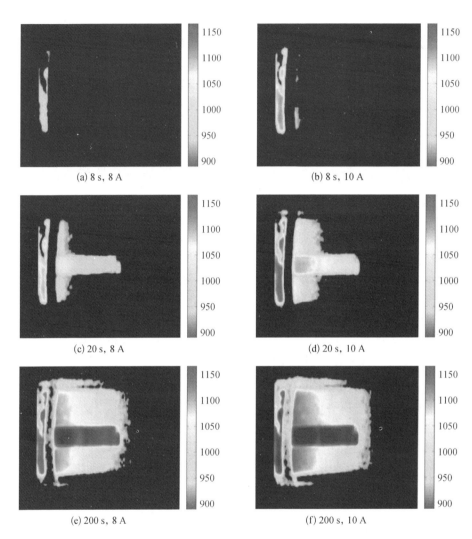

(a) 8 s, 8 A

(b) 8 s, 10 A

(c) 20 s, 8 A

(d) 20 s, 10 A

(e) 200 s, 8 A

(f) 200 s, 10 A

图 2-33　阳极电流为 8 A 和 10 A 下的温度场演变(单位: K)

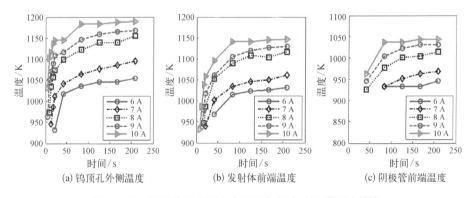

(a) 钨顶孔外侧温度

(b) 发射体前端温度

(c) 阴极管前端温度

图 2-34　选取的温度测点在不同阳极电流下的温度演变

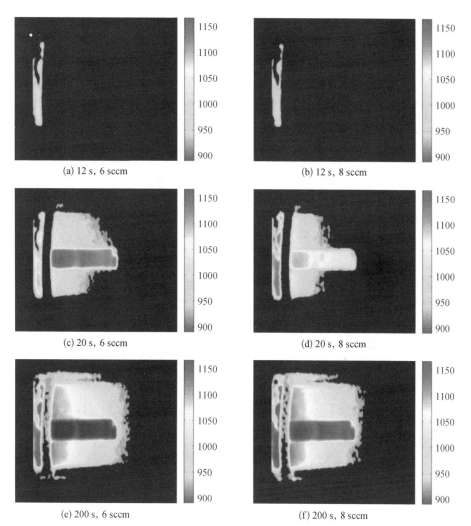

(a) 12 s, 6 sccm　　　　　　　　(b) 12 s, 8 sccm

(c) 20 s, 6 sccm　　　　　　　　(d) 20 s, 8 sccm

(e) 200 s, 6 sccm　　　　　　　　(f) 200 s, 8 sccm

图 2-35　供气流量对温度场演变的影响(单位：K)

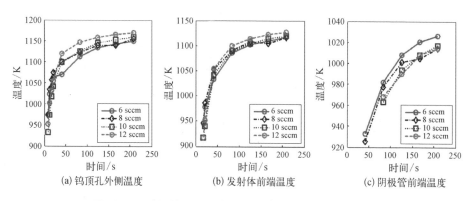

(a) 钨顶孔外侧温度　　　　(b) 发射体前端温度　　　　(c) 阴极管前端温度

图 2-36　选取的温度测点在不同阴极流量下的温度演变

2.4.4 启动过程中的温度场演变机理

离子经过鞘层时加速轰击发射体内壁和钨顶孔,这是整个阴极的主要热源,同时包括与气体进行的热交换。此外,等离子体的温度比阴极温度高,一部分热能以对流传热的形式传递给阴极。能量散失的主要途径是电子的热发射和二次电子发射所需耗能,以及热传导、热辐射耗散。在电子发射的过程中,电子从发射体表面逸出时需要克服表面势垒,即逸出功。热传导的实质是大量分子做热运动,互相撞击,热量从高温区向低温区流动。在阴极内部,包括固体间隙之间气体的热传导和固体的热传导。

图 2 - 37 为弧长位置示意图,对启动过程中不同时刻下阴极内表面不同位置处的热沉积功率分布进行统计,结果见图 2 - 38。由图 2 - 38 可见,钨顶孔区的热沉积功率在启动初始时刻较高,且在几毫秒内达到稳定。在启动初始时刻,发射体区的热沉积主要集中在下游的内表面,经过几秒后,内表面的热沉积功率分布变得均衡。最终到达稳态时,热沉积集中在发射体下游一半的空间范围内。

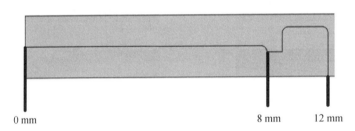

图 2 - 37 弧长位置示意图

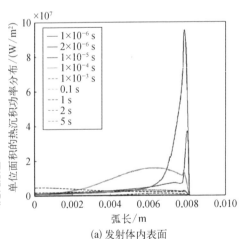

(a) 发射体内表面

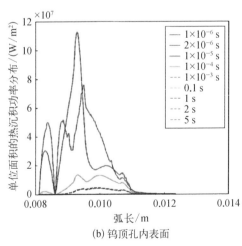

(b) 钨顶孔内表面

图 2 - 38 不同时刻下阴极内表面不同位置处的热沉积功率分布统计

对启动过程中离子沉积到发射体和钨顶孔(图中表示为节流孔)区的功率进行统计,结果见图 2-39 和图 2-40。

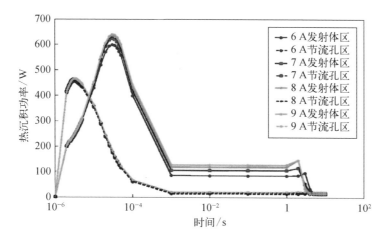

图 2-39　不同阳极电流下对应的热沉积功率仿真结果

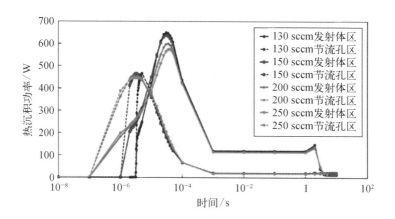

图 2-40　不同时刻下的热沉积功率统计

由图 2-39 可见,在节流孔区,前几毫秒的热沉积功率高于发射体,这主要是因为在触持极和钨顶孔之间的区域先发生了放电击穿。当等离子体通过级联碰撞扩散到发射体区时,离子能量主要沉积到了发射体上。节流孔区和发射体区的能量沉积有个快速下降的过程,这是因为启动过程中触持极电路中的电容放电占主导作用,触持极处于高电势,等离子体的空间电势较高,离子的能量较高,所以在电容电荷释放完之前,单位时间内发射体和节流孔区的热沉积功率较高。

由图 2-40 可见,供气流量对启动初始时刻的热沉积的影响较大,供气流量越小,原子密度越低,点火启动越晚,但离子的平均自由程更大,离子获得的能量更高,热沉积的增长速率更快,且沉积到发射体区的热量更高。当放电趋于稳定后,原子密度的变化对热沉积的影响很小。

2.5 发射体烧蚀规律

无热子阴极利用高电压实现气体击穿,经历高电压小电流的辉光放电后才能完成点火。因此,点火期间,粒子的能量较高,对阴极材料有很强的溅射烧蚀效应。对无热子阴极反复进行冷启动,溅射烧蚀效应累积,阴极可能会因结构受到溅射烧蚀破坏而失效,这是无热子阴极区别于热阴极的主要失效机理。本节主要介绍如何采用光谱的方法测量烧蚀产物谱线,进而得到烧蚀规律。

2.5.1 烧蚀产物的光信号

影响阴极寿命的主要因素是发射体材料的烧蚀损耗,美国喷气推进实验室(Jet Propulsion Laboratory, JPL)进行的寿命实验证明,触持极和阴极管的材料烧蚀损耗很小[4]。无热子空心阴极采用的发射体材料为钡钨,阴极管材料为钼(Mo),因此主要烧蚀产物为钡、钨和钼。

图 2-41 给出了钡钨阴极与 LaB_6 阴极在稳态工作下的光谱对比。结合美国测量实验室总结归纳的元素光谱信息发现,相对光强较高的谱线主要有 BaI 648.29 nm、BaII 493.4 nm,另一个有较高相对光强的谱线为 BaI 649.876 nm,但与其他谱线重合,无法分开。未找到钨(W)和 Mo 的典型特征谱线,以选取相对强度较高的谱线作为测量原则,这里以 BaII 493.4 nm 作为实验观测值。

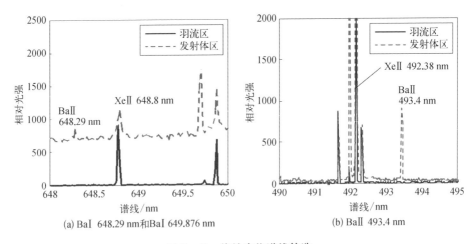

(a) BaI 648.29 nm和BaI 649.876 nm   (b) BaII 493.4 nm

图 2-41 烧蚀产物谱线筛选

标准工况下,点火电压、阳极电压和 BaII 493.4 nm 谱线的相对光强变化情况如图 2-42 所示。启动初始阶段,触持极和阴极之间产生等离子体击穿放电,此时

BaⅡ 493.4 nm 的光强信号有一个很大的峰值,可以证明将这条谱线用于发射体烧蚀的定性分析具有可行性。点火电压在 3 ms 时间内降到等离子体空间电势值,阳极电压通过等离子体与阴极产生自洽平衡,阳极电压在 3 ms 时间内降到平衡时的稳定值。此时,空间内具有较高密度的 Xe 原子分布和较高的空间电势,因此可以产生大量的 Xe 离子,在短时间内轰击发射体,在发射体加热到额定工作温度的同时,大量钡钨材料中的 BaO 被轰击出。

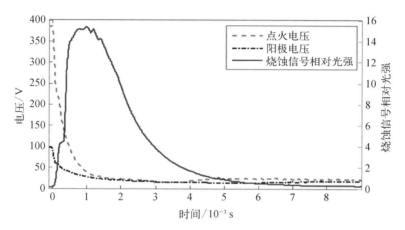

图 2－42　启动过程中的伏安特性曲线和烧蚀信号的相对光强变化情况

2.5.2　启动过程中材料烧蚀的影响因素

1. 阳极电流对烧蚀产额的影响

不同的阳极电流对应的启动过程中阳极电压的变化情况如图 2－43 所示,由图可见,不同阳极电流对应的加热阶段的持续时间大致相同,阳极电流越大,点模式的持续时间越长,越晚进入羽流模式,对应的羽流模式下的阳极电压越高,阳极

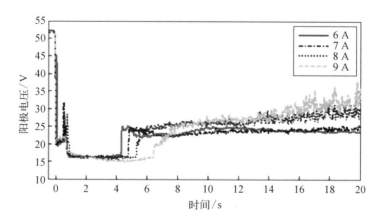

图 2－43　启动过程中不同阳极电流对应的阳极电压变化情况

电压振荡幅度越大,说明等离子体振荡加强。

BaⅡ 493.4 nm 谱线在不同阳极电流下的相对光强变化图像如图 2－44 所示,由图可见,在加热阶段,烧蚀信号的相对光强基本一致,点模式下的相对光强很弱;在羽流模式阶段,阳极电流越大,对应的烧蚀信号的相对光强越高,振荡幅度越大。一方面,阳极电流越大,对应的发射电子温度越高,热蒸发速率越高;另一方面,鞘层振荡随着等离子体振荡的加剧而加剧,导致轰击发射体表面的离子能量增大。在这两种效应的共同作用下,阳极电流越大,发射体表面的烧蚀速率越高。

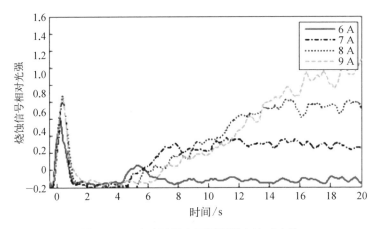

图 2－44　启动过程中不同阳极电流对应的
烧蚀信号相对光强的变化情况

2. 初始流量对烧蚀产额的影响

不同的初始流量对应的启动过程中阳极电压的变化情况如图 2－45 所示,由图可见,除了 200 sccm 的工况,初始流量变化对阳极电压的影响不大。初始流量对

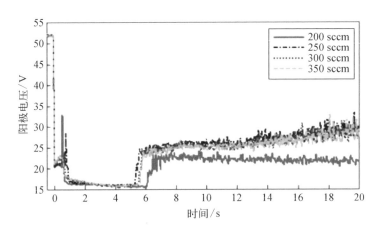

图 2－45　不同初始流量对应的启动过程中阳极电压的变化情况

整个启动过程烧蚀信号的影响见图 2-46,由图可见,初始流量值越大,对应的加热阶段(前 1 s)的烧蚀信号的相对光强越强;且除了 200 sccm 的工况,初始流量对其他阶段的烧蚀信号的相对光强的影响不大,主要原因是初始流量的供给是为了满足空心阴极点火对高气压的要求,成功点火之后,流量会立刻降低,因此初始流量对烧蚀信号的总体影响不大。

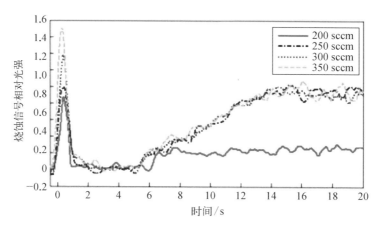

图 2-46 启动过程中不同初始流量对应的烧蚀信号的相对光强变化

3. 点火电压对烧蚀产额的影响

无热子空心阴极启动之后会立刻切断点火电压,因此只对启动瞬间不同点火电压下的烧蚀情况进行了研究。发射体区和羽流区的烧蚀信号的相对光强分别如图 2-47 和图 2-48 所示。由图可知,点火电压值越高,发生点火击穿时的空间气

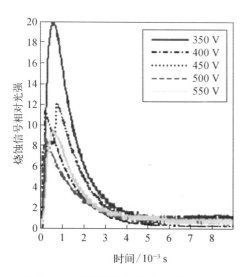

图 2-47 发射体区烧蚀信号的相对光强

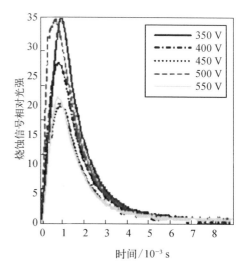

图 2-48 羽流区烧蚀信号的相对光强

压整体分布越低,发射体内部等离子体的空间电势、离子密度和离子能量越高,更多的离子流和高能离子轰击发射体表面,更多的 BaO 获得足够的动能,从表面逃离。大量烧蚀产物产生的时间在 6 ms 以内,点火电压对启动瞬间烧蚀产额的影响没有规律,随机性强,初步推测其变化对整个阴极烧蚀的影响不大。

参考文献

[1] 欧阳磊. 无热子空心阴极启动过程研究[D]. 哈尔滨: 哈尔滨工业大学,2016.

[2] 董小敏,李娟,陈娟娟. 无热子空心阴极内中性气体分布的数值模拟研究[J]. 真空与低温, 2015(5): 283－290.

[3] КУДРЯВЦЕВ А А,СМИРНОВ А С, ЦЕНДИН Л Д. ФИЗИКА ТЛЮЩЕГО РАЗРЯДА[M]. СПБ.: Издательство Лань, 2010.

[4] Zakany J S, Piñero L R. Space station cathode ignition test status at 32,000 cycles[C]. San Diego: International Electric Propulsion Conference, 1997.

第 3 章

阴极原初电子参数分布随机性及其
对点火过程的影响

霍尔推力器点火过程中的第一步就是阴极发生气体击穿,并且从中引出用于电离中性原子所需的种子电子。因此,探究阴极点火过程及其影响因素,以及分析这些因素的变化和随机性对点火过程的影响是霍尔推力器点火过程中的重要研究内容之一。另外,当阴极点火成功后,点火过程中产生的等离子体阻抗具有较强的随机性,所发射的电子参数分布具有很强的随机性,进而导致推力器的点火过程具有随机性。因此,需要研究阴极原初电子参数分布的随机性并对其进行优化控制。此外,阴极所处的工作位置不同,导致初始点火瞬间阴极所发射的电子所处的位置不同,以及随后进入放电通道的能量获取过程有所不同。阴极所处的磁场环境不同,会影响发射电子进入推力器通道的路径。因此,阴极点火后,阴极初始的工作位置和所处的磁场环境会对随后的推力器点火过程产生非常重要的影响。本章主要针对上述内容展开介绍,从而使读者较为全面地了解阴极电子参数的随机性及其对点火过程的影响。

3.1 阴极原初电子参数分布随机性及其优化控制方法

3.1.1 阴极原初电子参数分布随机性

当阴极能够进行点火时,在固定的工作参数下多次点火发现,由于每次的阴极点火过程中的等离子体阻抗具有很强的随机性,阴极所发射的电子参数也呈现出很强的随机性。为了评估阴极点火瞬间所发射的原初电子参数分布随机性,首先在某一固定的工作参数(阴极流量为 3 sccm、点火电压为 300 V、加热电流为 7.4 A)下,将阴极单独点火 100 次,测量阴极点火回路的冲击电流,并统计冲击电流峰值和积分电荷。图 3-1 所示为阴极单独点火 100 次时冲击电流峰值和冲击电流积分电荷随点火次数的变化曲线,积分电荷的计算公式如下:

$$Q_c = \int_{t_1}^{t_2} I_c(t) \, dt \qquad (3-1)$$

式中,t_1 表示阴极初始点火时刻;t_2 表示阴极点火冲击电流结束时间;$I_c(t)$ 表示阴极点火冲击电流值;dt 表示冲击电流采样时间间隔。

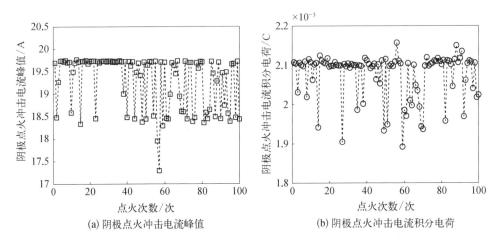

(a) 阴极点火冲击电流峰值　　　　(b) 阴极点火冲击电流积分电荷

图 3-1　阴极点火冲击电流峰值和积分电荷随点火次数的变化特性

从图 3-1 中可以看出,尽管每次都是在相同条件下进行阴极点火,但是阴极点火瞬间所产生的点火冲击电流峰值和积分电荷量具有较强的随机性。对于霍尔推力器的点火过程,可以将阴极视为一个电子源,这也从侧面说明,在固定的阴极点火参数下,这个电子源发射的电子参数不是一直不变的,而是具有一定的随机性,这种随机性使得固定点火参数下的霍尔推力器点火过程和所产生的冲击电流每次都呈现出一定的差异性。

可以通过一些简单的测试实验来分析阴极点火瞬间的电子发射随机性,采用无磁不锈钢金属罩来接收阴极点火瞬间在空间所发射的电子电流,如图 3-2 所示,并以此电流近似表征每次阴极点火瞬间进入放电通道的电子电流。电流接收罩的高度为 120 mm,距离阴极出口平面 25 mm。同时,为了尽可能多地接收阴极发射的电子电流,阴极触持极中心线和电流接收罩的中心线高度设为一致。电流接收罩测量回路采用 20 kΩ 的金属无感采样电阻,滤波电容值为 0.02 μF,用以接收电子电流的正偏置电压设置为 5 V。

阴极在固定参数下点火 100 次时,由电流接收罩测量的表征进入放电通道的电子电流随点火次数的变化特性如图 3-3 所示,从图中可以看出,与阴极多次点火时的点火冲击电流峰值和积分电荷的变化特性相似,进入放电通道的电子电流也呈现出明显的随机分布特性。

阴极多次点火过程中,除了每次产生的点火冲击电流和进入放电通道的电子电流不同外,点火瞬间所产生的电子温度和电子密度也具有随机分布的特性。由于传统的朗缪尔单探针只能获得稳态的等离子体参数,而阴极发射电子是一个瞬

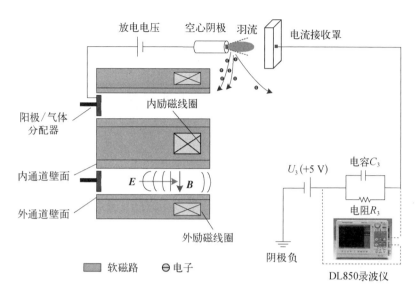

图 3-2 点火瞬间阴极区电子参数测量示意图

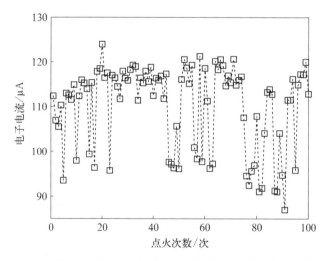

图 3-3 阴极点火瞬间电流接收罩测量的表征进入放电通道的
电子电流随点火次数的变化特性

态的过程,采用传统的朗缪尔单探针难以获得该过程中的等离子体参数。因此,可以采用三探针[1]测量阴极单独点火 100 次所发射的电子温度和电子密度。

朗缪尔三探针的测量电路如图 3-4(a)所示。朗缪尔三探针主要由三根裸露的探针导体组成,其中分别在探针 P_1 和 P_3 上加载负偏置电压 V_1 和 V_3,以及采样电阻 R_1 和 R_3,第三根探针 P_2 处于悬浮状态。为了测量阴极点火瞬间的电子密度和温度,本节选用的采样电阻 R_1 和 R_3 均为 $20\ \text{k}\Omega$,滤波电容均为 $0.22\ \text{pF}$。当等离子体存在时,探针 P_1 和 P_3 的偏压均为 0 时,三根探针都不可能接收到电流。当向探针 P_1 和 P_3 施加偏压时,电势高于悬浮电势的探针 P_1 就可以接收离子电流,而电势低于平均电势的探针 P_2 和 P_3 用来接收电子电流。

图 3 - 4(b)展示了流过三探针的电流和电势之间的关系。对于朗缪尔探针,每根探针的直径均为 $0.5\ \text{mm}$,露出的绝缘陶瓷管的长度为 $2\ \text{mm}$。其中,探针 P_2 与探针 P_1 及 P_3 的间距均为 $2\ \text{mm}$。为了防止测试过程中等离子体沿着陶瓷与探针钨丝件的间隙进入其中,采用氧化铝粉末对探针和陶瓷管之间的缝隙进行密封处理,确保测试过程中三探针的接收面积相同。测试过程中,三探针距离阴极触持极出口平面 $15\ \text{mm}$,并与阴极顶孔中心线保持垂直。在此位置,三探针对阴极点火过程的影响相对较小,而且该处的等离子体密度相对较低,可长时间进行多次测试,可以较好地保证测量结果的准确性[2]。

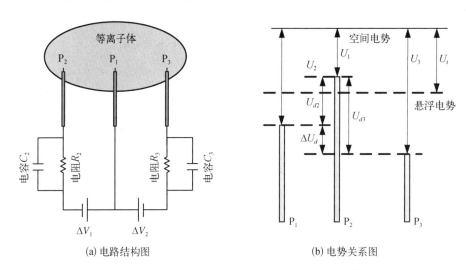

(a) 电路结构图   (b) 电势关系图

图 3 - 4   朗缪尔三探针电路结构图与电势关系图[1]

三探针测试过程中,探针电流及电压的关系如式(3 - 2)和式(3 - 3)所示:

$$I_1 = I_2 + I_3 \tag{3 - 2}$$

$$\begin{cases} U_2 - U_1 = U_{d2} \\ U_3 - U_1 = U_{d2} \end{cases} \tag{3 - 3}$$

在测试过程中,假设阴极点火瞬间发射的电子和离子均服从麦克斯韦分布,在薄鞘层理论中,假设 $\lambda_s \ll r_p \ll l$,其中 λ_s 和 r_p 分别代表探针的鞘层厚度和探针半径,l 表示粒子的平均自由程,因此探针之间的相互影响可以近似忽略不计。阴极

点火瞬间,任意时刻流过三探针之间的电流关系表示如下:

$$\begin{cases} -I_1 = SJ_e\exp(-\phi U_1) + SJ_i\exp(U_1) \\ I_2 = SJ_e\exp(-\phi U_2) + SJ_i\exp(U_2) \\ I_3 = SJ_e\exp(-\phi U_3) + SJ_i\exp(U_3) \end{cases} \qquad (3-4)$$

$$\phi = e/kT_e \qquad (3-5)$$

$$J_e = n_e(kT_e/2\pi m_e)^{1/2} \qquad (3-6)$$

式中, J_e 和 J_i 分别表示饱和电子电流和离子电流密度; S 代表探针的有效接收面积; k 代表玻尔兹曼常数; e 和 m_e 分别代表电子的电荷和质量; T_e 和 n_e 分别表示电子温度和电子密度。

同时,由于测试过程中,探针电压对 J_i 基本没有影响,式(3-4)中的三个离子电流值相近,且可以视为常数,可得

$$\frac{I_1 + I_2}{I_2 + I_3} = \frac{1 - \exp(\phi U_{d_2})}{1 - \exp(\phi U_{d_3})} \qquad (3-7)$$

综上所述,通过式(3-2)~式(3-7)就可以计算出阴极点火瞬间出口区域的电子温度和密度。阴极单独点火 100 次时,所发射的电子密度和电子温度随点火次数的变化特性如图 3-5 所示,从图中可以看出,在相同的阴极点火参数下,每次点火瞬间所发射的电子温度和电子密度也呈现出明显的随机分布特性。

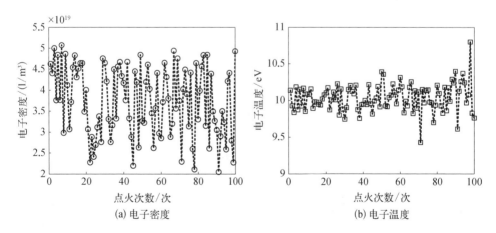

(a) 电子密度　　　　(b) 电子温度

图 3-5　阴极点火瞬间发射的电子密度和电子温度随点火次数的变化特性

3.1.2　阴极原初电子参数分布随机性对阳极点火冲击电流的影响

由前面的描述可知,阴极成功点火后,阴极在固定的参数下多次点火所产生的

点火冲击电流峰值和积分电荷、进入放电通道的电子电流,以及所发射电子的密度和温度都呈现出明显的随机分布特性,导致相同点火参数下每次点火过程中能够电离的氙原子数量等具有一定的差异性,外在表现为阳极点火冲击电流的波形、峰值和积分电荷等特征参数呈现随机分布特性。在固定的点火参数下点火 10 次时,阳极点火冲击电流及其峰值、积分电荷的变化特性如图 3 - 6 所示,其中励磁电流为 3 A、阴极加热电流为 7.4 A、阴极和阳极流量分别为 3 sccm 和 45 sccm、点火电压为 300 V、放电电压为 250 V。

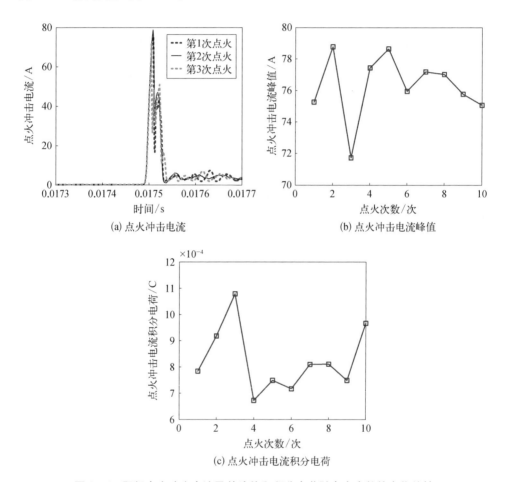

(a) 点火冲击电流

(b) 点火冲击电流峰值

(c) 点火冲击电流积分电荷

图 3 - 6　阳极点火冲击电流及其峰值和积分电荷随点火次数的变化特性

从图 3 - 6 中可以看出,尽管霍尔推力器每次都是在相同的点火参数下完成点火,但是点火冲击电流的波形、峰值和积分电荷均表现出显著的差异性。对于霍尔推力器,点火前推力器的参数基本是固定的,其中阳极流量和磁场位型是长时间尺度的参数,在点火启动前的分布是确定的。那么造成固定参数下点火冲击变化的主要影响因素为阴极的原初电子,但是阴极的原初电子参数包括阴极点火冲击电流峰值、点火冲击电流积分电荷、进入放电通道的电子电流,以及电子密度和电子温度,其中电子温度和电子密度是等离子体参数,点火冲击电流峰值和积分电荷是宏观量,未来优化设计中关心的问题是确定影响阳极点火冲击电流随机性的主导因素,可以通过相关性分析研究阴极原初电子参数与阳极点火冲击电流的关系。

相关系数的计算公式如下:

$$R = \frac{\text{Cov}(x, y)}{\sqrt{D(x)} \ \sqrt{D(y)}} \qquad (3-8)$$

式中,$\text{Cov}(x, y)$ 表示变量 x 和 y 之间的协方差;$D(x)$ 和 $D(y)$ 分别表示变量 x 和 y 的方差,其中变量 x 可以表示固定点火参数下点火瞬间阴极发射的电子密度、电子温度、积分电荷等参数的随机分布特性,变量 y 表示固定点火参数下阳极点火冲击电流的分布特性。

在阴极流量为 3 sccm、点火电压为 300 V、励磁电流为 3 A 的工况下计算了阴极原初电子参数与阳极冲击电流的相关系数,结果如表 3-1 所示。

表 3-1　阴极原初电子参数与阳极冲击电流的相关系数

阴极原初电子参数	相 关 系 数
阴极点火冲击电流积分电荷	0.636 9
接收罩所测电流	0.544 6
电子密度	0.807 0
电子温度	0.275 5

由表 3-1 可知,在固定点火参数下,多次点火产生的阳极冲击电流的分布随机性与电子密度的相关性最高,其次为阴极冲击电流积分电荷,与阴极点火瞬间所发射的电子温度的相关性最小。也就是说,霍尔推力器点火过程中,对阳极点火冲击电流影响最大的参数是电子密度,这是由于当点火过程中阴极发射的电子密度较大时,在随后的推力器点火过程中,电子和中性原子的碰撞频率也会增大,点火过程中的电离程度随之增强,产生的电子数量和离子数量也会增大,导致点火过程中产生的阳极点火冲击电流增大。

3.1.3　阴极点火参数变化对原初电子参数分布随机性的影响

通过前面的研究结果可以看出,在相同的点火参数下,每次点火瞬间,阴极所发射的电子参数具有明显的随机分布特性。由阴极的工作原理可知,影响阴极点火过程的参数主要包括阴极流量、点火电压和加热电流,但是阴极实际点火时基本处于热平衡状态,因此主要考虑点火电压和阴极流量的影响。实际研究中也更关心阴极流量和点火电压变化对阴极原初电子参数随机分布特性的影响。

1. 阴极流量变化对原初电子参数分布特性的影响

首先,在不同阴极流量(1.5 sccm、3 sccm 和 6 sccm)下点火 100 次,测量阴极点火冲击电流峰值和积分电荷的变化特性,其中点火电压均为 250 V,加热电流均为 7.4 A,结果如图 3-7 所示。从图 3-7(a)可以看出,阴极在固定工作参数下多次点火的冲击电流峰值呈二阶正态分布,有两个差异较大的峰值(书中统称为第一个峰值和第二个峰值),概率分布如式(3-9)所示:

$$f(x) = a_1 \times e^{\{-[(x-\mu_1)/\sigma_1]^2\}} + a_2 \times e^{\{-[(x-\mu_2)/\sigma_2]^2\}} \tag{3-9}$$

式中,μ_1 和 σ_1 分别为第一个正态概率分布函数的期望和方差;μ_2 和 σ_2 分别为第二个正态概率分布函数的期望和方差;a_1 和 a_2 表示拟合公式系数。

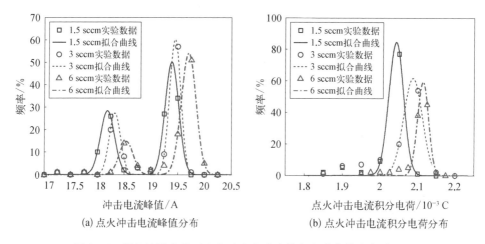

(a) 点火冲击电流峰值分布   (b) 点火冲击电流积分电荷分布

图 3-7　阴极流量变化对点火冲击电流峰值和积分电荷分布的影响

随着阴极流量逐渐增大,阴极点火冲击电流的第一个峰值逐渐增大,而所占频率却逐渐降低;阴极点火冲击电流的第二个峰值也逐渐增大,同时频率也逐渐增大。这是因为当其余工作参数不变时,随着阴极流量逐渐增大,点火前,阴极内的初始氙原子密度增加,导致阴极点火瞬间可电离的氙原子数量增加,因此产生的点火冲击电流的峰值也会相应增大。同时,从图 3-7(b)可以看出,阴极在固定工作参数下多次点火的冲击电流的积分电荷呈典型的正态分布,概率分布如式(3-10)所示:

$$f(x) = a_3 \times e^{\{-[(x-\mu_3)/\sigma_3]^2\}} \qquad (3-10)$$

式中，a_3 表示拟合公式系数；μ_3 和 σ_3 分别为正态概率分布函数的期望和方差。

　　随着阴极流量逐渐增大，阴极点火冲击电流积分电荷的峰值逐渐向更高的位置移动，所占频率却逐渐降低，离散度变大。另外，在不同阴极流量（1.5 sccm、3 sccm 和 6 sccm）下点火 100 次，测量进入放电通道的电子电流的变化特性，结果如图 3-8 所示，从图中可以看出，在不同阴极流量下，阴极点火时进入放电通道的电子电流基本符合正态分布。从图 3-8 可以看出，随着阴极流量逐渐增大，阴极点火瞬间进入放电通道的电子电流也增大，尤其是阴极流量较大时，点火瞬间进入放电通道的电子电流分布更加分散。

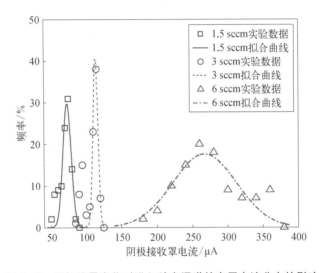

图 3-8　阴极流量变化对进入放电通道的电子电流分布的影响

　　最后，在不同阴极流量（1.5 sccm、3 sccm 和 6sccm）下点火 100 次，测量阴极所发射的电子密度和电子温度的变化特性，结果如图 3-9 所示。从图 3-9(a) 中可以看出，固定参数下，阴极多次点火瞬间发射的电子密度基本符合正态分布。当阴极流量从 1.5 sccm 增大到 3 sccm 时，阴极点火瞬间发射电子密度分布峰值所在位置逐渐向电流增大的方向移动，分布变宽。当阴极流量从 3 sccm 增大到 6 sccm 时，阴极点火瞬间发射电子密度分布的峰值所在位置基本不变，分布趋于集中。这是因为当其余工作参数不变时，阴极流量的增大会导致阴极点火瞬间可以电离的氙原子数增加，因此所产生电子密度的数量也会相应地增加，其分布峰值的所在位置逐渐增大。

　　从图 3-9(b) 中可以看出，固定参数下阴极多次点火瞬间发射的电子温度基本符合正态分布。随着阴极流量逐渐增大，电子温度峰值逐渐向更小的方向移动，分布也更加集中。这是由于当阴极流量增大后,阴极点火瞬间所发射的电子密度会逐渐增大,在大量电子从孔区流入阴极羽流区的过程中,在阴极顶孔区发生的碰撞会更加激烈,进而导致电子的能量损失增大,电子温度也相对较低。

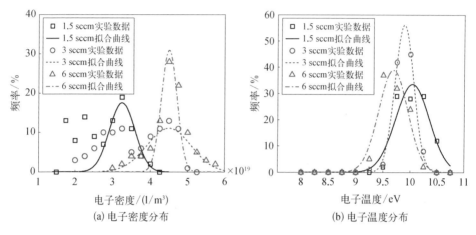

图 3 - 9　阴极流量变化对电子密度和温度分布特性的影响

2. 阴极点火电压变化对原初电子参数分布特性的影响

针对点火电压对原初电子分布特性的影响,在不同点火电压下(200 V、250 V和 300 V)下点火 100 次,测量阴极原初电子参数的分布变化特性,其中阴极流量均为 3 sccm,加热电流均为 7.4 A。图 3 - 10 所示为不同点火电压下阴极多次点火的冲击电流峰值和积分电荷的分布变化特性。从图 3 - 10(a)可以看出,在不同点火电压下,阴极多次点火的冲击电流峰值呈二阶正态分布,有两个差异较大的峰值,

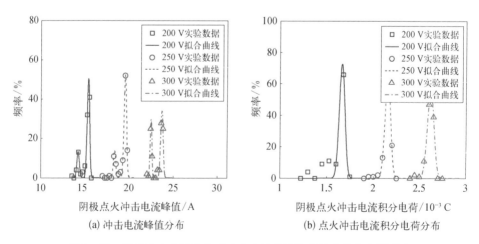

图 3 - 10　阴极点火电压变化对冲击电流峰值和积分电荷分布的影响

这与在不同阴极流量下观察到的结果是一样的。随着阴极流量逐渐增大,阴极点火冲击电流的第一个峰值和第二个峰值都显著增大,这是由于随着阴极点火电压逐渐增大,阴极触持极与顶孔之间的电场强度增大,电子在单位距离上获得的能量增加,电子温度升高,阴极内更多的氙原子被电离,从而导致阴极点火冲击电流峰值逐渐增大。另外,与阴极流量改变对点火冲击电流峰值和积分电荷分布的影响相比,点火电压的影响效果更加显著。

同时,在这个过程中也产生了更多的电荷,结果如图 3-10(b)所示。与阴极点火冲击电流峰值相比,不同点火电压下的阴极点火冲击电流积分电荷更接近正态分布。并且,随着阴极点火电压逐渐增大,点火冲击电流积分电荷峰值所占的频率逐渐降低,峰值所在位置却逐渐向电流增大的方向移动。

图 3-11 所示为不同点火电压(200 V、250 V 和 300 V)下进行 100 次点火后进入放电通道的电子电流的分布变化特性。从图 3-11 中可以看出,不同点火电压下,阴极多次点火时进入放电通道的电子电流基本符合正态分布。从图 3-11 还可以看出,随着点火电压逐渐增大,阴极点火瞬间,进入放电通道的电子电流峰值所在位置和所占频率都显著增大,尤其是点火电压较大时,这一现象更加明显。

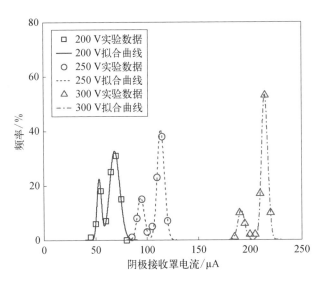

图 3-11　阴极点火电压对进入放电通道的电子电流分布的影响

图 3-12 所示为不同点火电压(200 V、250 V 和 300 V)下点火 100 次时阴极点火瞬间发射的电子密度和电子温度的分布变化特性。从图 3-12(a)中可以看出,不同点火电压下,阴极多次点火时所发射的电子密度近似符合正态分布。随着点火电压逐渐增大,阴极点火瞬间发射的电子密度峰值所在位置逐渐向电流增大的方向移动,分布频率变宽。不同点火电压下阴极多次点火时阴极所发射的电子温

度分布如图 3-12(b)所示,从图中可以看出,随着点火电压逐渐增大,阴极点火瞬间电子温度峰值所在位置逐渐向电流减小的方向移动,所占频率逐渐增大,分布更加集中。

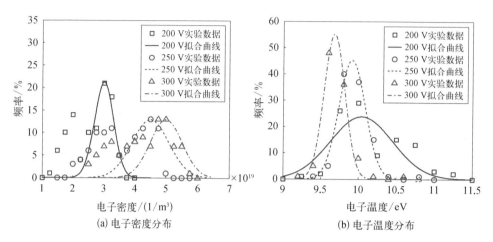

(a) 电子密度分布   (b) 电子温度分布

图 3-12   阴极点火电压变化对电子密度和温度分布特性的影响

3.1.4   阴极原初电子参数分布随机性优化控制方法

每次阴极点火所产生的电子参数差异,有可能导致推力器点火成功的不确定性,也就是说,在相同的阴极点火参数下,当引出的电子参数较高时,推力器能够成功点火;当引出的电子参数较低时,推力器有可能点火失败。在实验中也很容易发现,在相同的点火参数下,有限点火次数下推力器点火成功的次数也存在不确定性。因此,为了在相同的阴极点火参数下尽可能保证推力器具有较高的点火成功概率,就需要降低阴极在固定点火参数下所引出电子参数分布的随机性。

通过分析图 1-6 所示的点火回路可知,当点火开关 S_3 闭合后,充电电容会在点火开关所在的支路完成放电,而限流电阻 R_3 的大小会影响施加在阴极触持极上的电压,进而影响阴极点火启动过程中等离子体阻抗和冲击电流的大小,其中阴极冲击电流 I_{cp} 可以表示为

$$I_{cp} = \frac{U_i}{R_3 + R_c} \tag{3-11}$$

式中,U_i 表示点火电压;R_c 表示阴极点火瞬间的等离子体阻抗。

显然,改变限流电阻阻值会对阴极发射电子参数产生影响,为了刻画阴极所发射电子参数的随机性,选择阴极点火回路冲击电流峰值表征阴极点火瞬间的特性。

图 3-13 所示为不同限流电阻值下阴极点火冲击电流峰值的变化特性。从图中可以看出,随着限流电阻值增大,阴极点火冲击电流的峰值和随机性逐渐降低,

并且随着限流电阻值的进一步增大而逐渐趋于稳定。而最终需要综合考虑所需阴极点火发射的电子参数及稳定性来确定限流电阻值,对于本书所采用的霍尔推力器,限流电阻值为 10 Ω。此时,与没有限流电阻相比,阴极点火冲击电流峰值的均方根值从 6.61 A 降低到 1.31 A,从而有效地降低了阴极原初电子的随机性。通过上述结果可知,采用在阴极点火回路施加限流电阻的方式可以有效地控制阴极点火瞬间发射电子参数的随机性,而且这一方法已经在电推进空间平台完成了搭载应用。

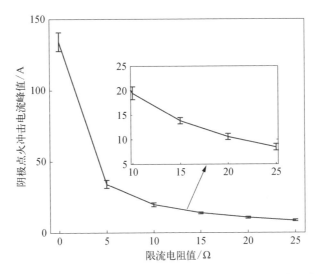

图 3–13 限流电阻值对阴极点火冲击电流峰值随机性的影响

3.2 阴极工作位置对推力器点火过程的影响

当阴极点火成功后,阴极所处的空间位置不同,导致发射电子进入通道的路径不同,这会影响电子与中性原子碰撞的频率和碰撞时的电子能量[3],从而影响推力器点火启动的着火时间和初始着火位置,进而影响推力器点火瞬间等离子体放电的建立过程的难易程度。因此,阴极的工作位置对霍尔推力器的点火特性有重要的影响。

3.2.1 阴极不同工作位置的羽流区点火图像

在阴极不同轴向工作位置,采用高速 CCD 相机拍摄霍尔推力器点火羽流图像。在拍摄过程中,高速 CCD 相机的安装方向与羽流离子出射方向垂直,相机与推力器中轴线之间的拍摄距离是 500 mm。图像精度是 256 像素×256 像素,每两张图片之间的间隔是 14 μs。采用点火开关控制霍尔推力器的点火与相机同步触发采集信号。在实验中,阴极轴向位置与推力器放电通道出口的距离分别为 2.0 cm 和 1.5 cm。实验过程中,推力器的阳极电压均为 260 V,阳极流量为 40 sccm,阴极流量为 3 sccm。

图 3 - 14 和图 3 - 15 所示分别为阴极轴向距离放电通道出口平面 2.0 cm 和 1.5 cm 时的点火冲击电流。图 3 - 14 和图 3 - 15 中的时间点分别对应图 3 - 16 和图 3 - 17 中不同时刻的点火图像。从图 3 - 14 可知,当阴极轴向距离推力器通道出口平面 2.0 cm 时,点火冲击电流峰值为 48 A,持续时间为 71.1 μs。当阴极轴向距离推力器通道出口平面 1.5 cm 时,点火冲击电流峰值为 50.8 A,持续时间为 69 μs。从图 3 - 14 和图 3 - 15 可以看出,当阴极轴向距离推力器通道出口平面 1.5 cm 时,点火冲击电流峰值到来的时间会提前,大约为 3.9 μs。

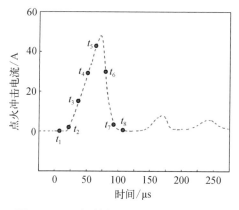 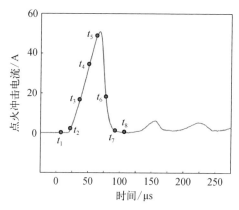

图 3 - 14　阴极轴向位置距离放电通道出口 2.0 cm 时的点火冲击电流　　图 3 - 15　阴极轴向位置距离放电通道出口 1.5 cm 时的点火冲击电流

图 3 - 16 和图 3 - 17 所示分别为阴极轴向距离推力器通道出口平面 2.0 cm 和 1.5 cm 时不同时刻下的羽流区图像,实验过程中阴极均位于磁分界面外。对比图 3 - 16 和图 3 - 17,霍尔推力器羽流区的点火图像主要有以下两个方面的差异。

(1) 在点火初始阶段($t_2 = 14$ μs),当阴极轴向和放电通道出口的距离为 1.5 cm 时,推力器通道出口的光强亮度更强且亮度区域更大。这是由于当阴极轴向距离推力器通道出口更近时,阴极所发射的电子在进入放电通道过程中需要穿越的磁力线数量相对较少,运动的距离也较短,电子在进入放电通道的过程中和点火启动前聚集在出口区的中性原子发生碰撞的频率相对较低,电子能量损失较小,因此电子能量相对较高,更多的电子能够达到氙原子的电离阈值,在放电通道出口可以观察到离子和电子碰撞激发所产生的光强亮度也更强[4]。

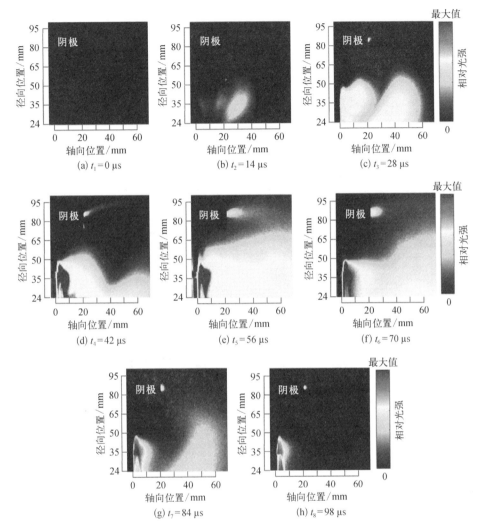

图 3-16　阴极轴向距离放电通道出口 2.0 cm 时的霍尔推力器羽流区图像

（2）随着电子逐渐从阴极运动到阳极，电子在轴向电场中获得的能量也逐渐增大。在工质原子的雪崩电离过程之后（$t_5 = 56$ μs），点火过程趋于稳定并逐渐向稳态放电过程过渡。在这个过程中（$t_4 \sim t_8$），当阴极轴向和放电通道出口的距离为 1.5 cm 时，放电通道出口近场羽流区（距离通道出口 0 ~ 10 mm）的光强亮度最强区域更大。这是因为，当阴极轴向距离放电通道出口更近时，在点火初始阶段（$t_2 = 14$ μs），由于碰撞电离产生的离子数量较多。同时，在初始阶段产生的电子也相对较多，这些新产生的电子与放电通道内的中性原子发生碰撞，产生更多的离子，这些离子会迅速被阴极和阳极之间的轴向电场加速到放电通道外。因此，图 3-17 中所示的放电通道出口的离子密度相对更大，电子和离子由于碰撞激发所产生的光强亮度也更强。

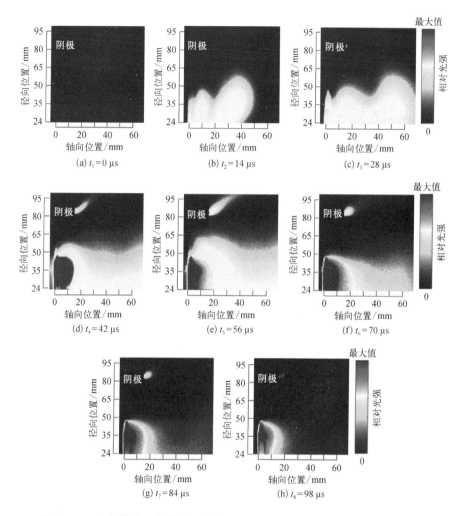

图 3-17　阴极轴向距离放电通道出口 1.5 cm 时的霍尔推力器羽流区图像

3.2.2　点火过程中阴极轴向工作位置的等离子体参数分布演化特性

进一步分析改变阴极轴向工作位置对霍尔推力器点火过程中等离子体参数的影响,可采用粒子网格(particle in cell, PIC)点火模型计算阴极不同轴向位置下霍尔推力器点火过程中不同时刻下离子密度和放电电势的变化特性。模型中采用 1 kW 霍尔推力器,模拟区域和边界条件如图 3-18 所示,具体关于霍尔推力器 PIC 点火模型的详细描述见本书第 4 章。

图 3-19 所示为不同阴极轴向位置下的点火冲击电流,从图中可以看出,当阴极轴向距放电通道出口更近时,点火冲击电流峰值更大,并且点火过程中会提前发生电子雪崩电离过程。为了研究阴极轴向位置的改变对霍尔推力器点火过程中等离子体参数的变化特性,采用 PIC 模型计算图 3-19 所示的点火冲击电流上不同

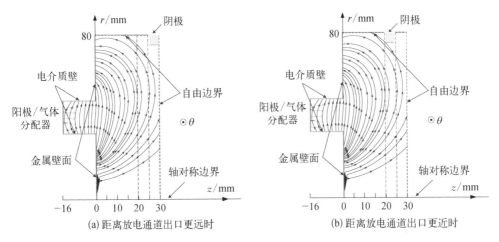

(a) 距离放电通道出口更远时　　　　(b) 距离放电通道出口更近时

图 3-18　阴极轴向距离放电通道出口不同位置时的模拟区域示意图

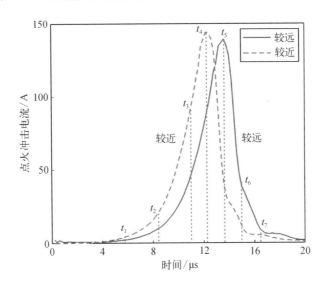

**图 3-19　阴极轴向位置距离放电通道出口较远和
较近时的点火冲击电流**

t_1 代表点火启动过程的初始阶段;$t_2 \sim t_4$ 或 $t_2 \sim t_5$ 分别表示阴极轴
向位置距离放电通道出口较远和较近时点火过程中的增强阶段;$t_5 \sim t_7$
或 $t_6 \sim t_7$ 分别表示阴极轴向位置距离放电通道出口较远和较近时点火
过程中的减弱阶段

时刻所对应的离子密度和放电电势的变化特性。

图 3-20 和图 3-21 所示为阴极轴向距离推力器出口平面更远时不同时刻下离子密度和放电电势的变化特性。由图 3-20 可知,在点火初始阶段(t_1 时刻),阴极初始所发射的电子首先会被放电通道出口附近的强磁场区的磁力线所捕获,然后沿着磁力线通过碰撞和扩散的方式进入放电通道内部[5]。在这个过程中,电子会和点火

启动前聚集在出口区的中性原子发生碰撞并产生能量损失,只有一小部分电子能够达到氙原子的电离阈值。然而,由于点火启动前在推力器放电通道内和出口区聚集的中性原子的密度较大,更容易产生碰撞电离,在初始点火瞬间,电子主要在这两个地方发生碰撞电离,从而产生离子。随着点火过程逐渐发展,阴极所发射的电子逐渐向阳极移动,并且在阴极和阳极之间的轴向电场中获得了充足的能量来电离中性原子。

$t_2 \sim t_4$ 时刻,推力器的点火电离过程逐渐增强。t_5 时刻,工质原子雪崩电离,放电通道内的电子密度呈指数增长,同时也产生了很多离子。在工质原子雪崩电离阶段末期,离子密度和电子密度都达到了最大值。$t_2 \sim t_5$ 时刻的放电电势分布如图3-21所示,随着工质电离过程逐渐增强,电势降发生在推力器的出口区,此外 $t_2 \sim t_5$ 时刻的放电电势降呈现出逐渐向阳极移动的趋势。随后,点火启动前聚集在推力器放电通道内和出口区的中性原子几乎被完全电离消耗,推力器的点火电离过程逐渐变弱,并且向稳态放电过程过渡。同时,放电通道内的电子继续向阳极移动,并与分布在阳极区域的氙原子发生碰撞电离,生成的大量离子被电场加速向推力器出口运动,导致推力器通道内的离子密度迅速减小。

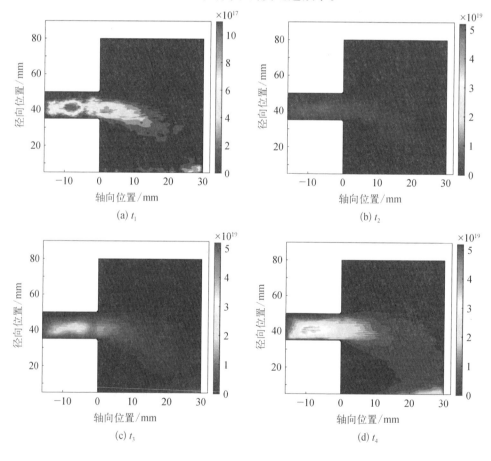

(a) t_1

(b) t_2

(c) t_3

(d) t_4

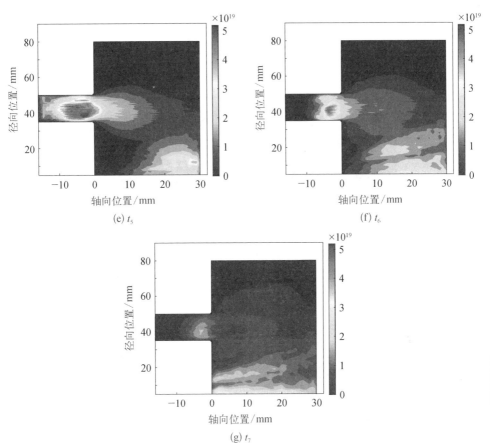

(e) t_5 (f) t_6

(g) t_7

图 3-20　阴极轴向位置距离放电通道出口较远时不同时刻的离子密度变化特性(单位:$1/m^3$)

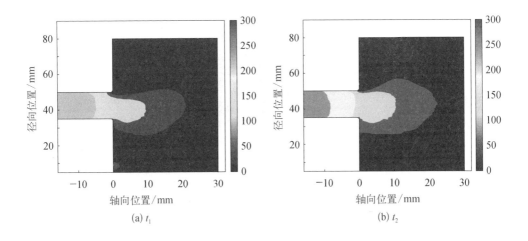

(a) t_1 (b) t_2

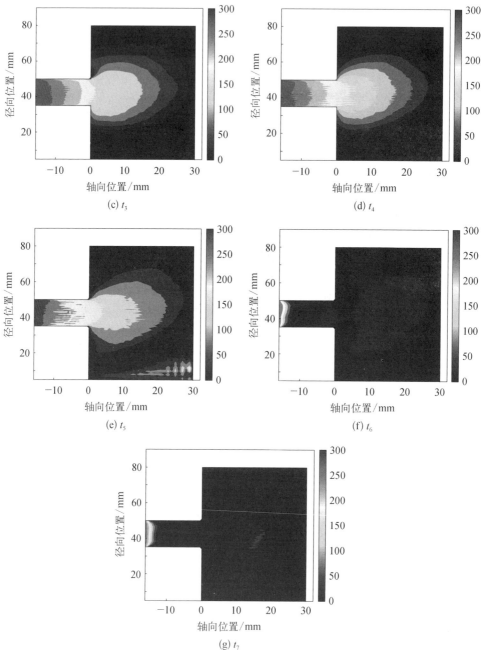

(c) t_3 　　　　　　　　　　　　 (d) t_4

(e) t_5 　　　　　　　　　　　　 (f) t_6

(g) t_7

图 3-21　阴极轴向位置距离放电通道出口较远时不同时刻的放电电势变化特性（单位：V）

$t_6 \sim t_7$ 时刻,放电通道内的电势降主要集中在阳极附近。此外,从图 3-19 所示的点火冲击电流也可以看出,当阴极轴向位置距离放电通道出口更远时,t_6 和 t_7 时刻的点火冲击电流逐渐降低,并趋于稳态。

图 3-22 和图 3-23 所示为阴极轴向距离推力器出口平面较近时不同时刻离子密度和放电电势的变化特性。由图 3-22 可知,在点火初始阶段(t_1 时刻),由于阴极轴向距离推力器出口平面更近,阴极初始所发射的电子在进入放电通道的过程中需要移动的距离相对更短,电子在这个过程中需要穿越的磁力线数量也相对较少。因此,电子和推力器出口区中性原子的碰撞频率相对较低,电子能量损失相对较小,更多的中性原子能够被电子碰撞电离,在放电通道内和出口区产生更多的离子。

此外,对比图 3-21 和图 3-23 中阴极不同轴向位置 t_1 点火时刻的电势分布可以看出,当阴极轴向距离推力器出口平面更近时,放电通道内的电势降更加平缓,羽流区的电势降相对较高,这也从侧面证实了此时羽流区的离子密度相对较大。随着阴极所发射的电子及碰撞电离生成的电子逐渐向放电通道内部运动,这些电子在阴极和阳极之间的轴向电场中获得了足够的能量来电离中性原子,使得推力器点火过程中的工质电离逐渐增强($t_2 \sim t_4$ 时刻)。

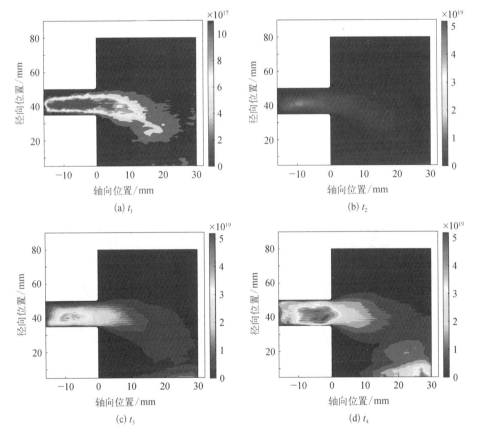

(a) t_1

(b) t_2

(c) t_3

(d) t_4

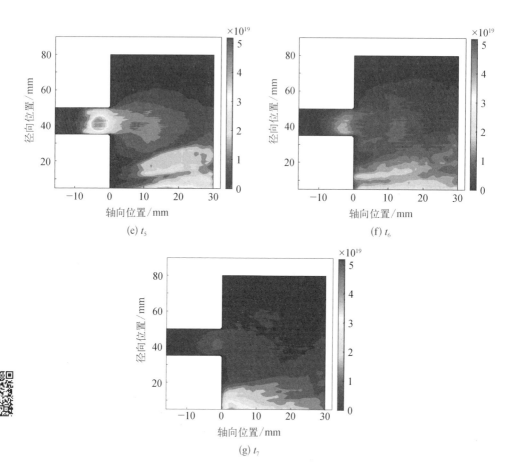

图 3－22　阴极轴向位置距离放电通道出口较近时不同时刻的离子密度变化特性(单位: $1/m^3$)

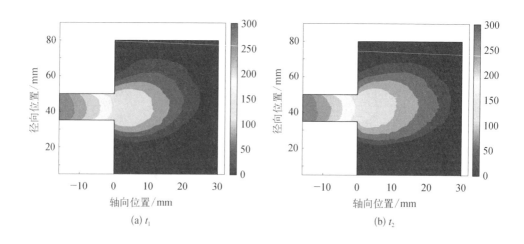

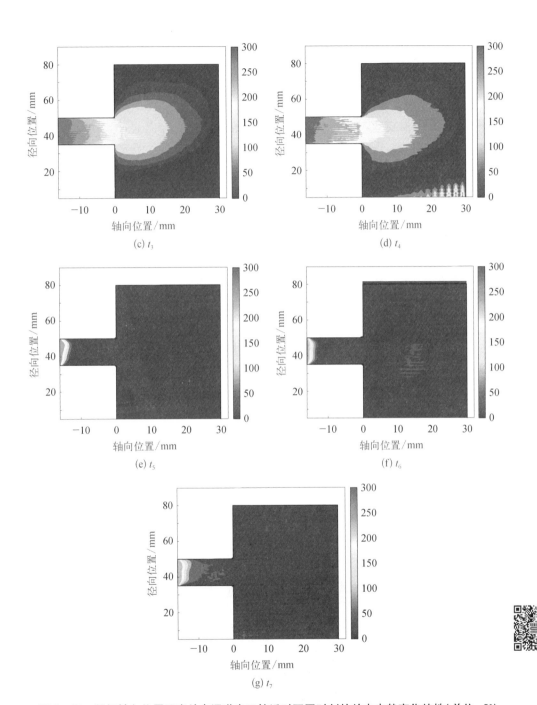

图 3 - 23　阴极轴向位置距离放电通道出口较近时不同时刻的放电电势变化特性(单位: V)

同时,在 t_4 时刻,工质原子发生雪崩电离,这也说明,当阴极轴向位置距离推力器出口平面更近时,推力器点火过程中工质原子的雪崩电离过程会提前发生。也就是说,当阴极轴向距离推力器出口平面更近时,点火前聚集在放电通道内和出口区的中性原子气体会被提前电离。此时,从图 3－19 所示的阴极不同轴向位置下的点火冲击电流也可以看出,当阴极轴向位置距离推力器出口平面更近时,推力器点火冲击电流的峰值会提前到达,并且点火冲击电流峰值也更大。

当阴极轴向距离推力器出口平面更近时,电子在进入放电通道的过程中损失的能量相对较少,能够电离的中性原子数量相对较多。因此,产生的电子数量也更多,从而能够在霍尔推力器点火过程中的电子雪崩电离阶段电离更多的氙原子,产生更多的离子,点火冲击电流随之增大。随后,推力器点火过程逐渐减弱($t_5 \sim t_7$ 时刻),点火启动前聚集在放电通道和出口区的中性原子几乎被完全消耗,电子逐渐向阳极移动并电离阳极附近的中性原子,放电通道和羽流区的离子密度也逐渐降低。$t_5 \sim t_7$ 时刻的电势降如图 3－23(e)～(g)所示,同时也显示出在不同的点火时刻下,放电通道内的电势降主要集中在阳极附近。

综合上述实验和模拟结果可知,阴极轴向位置的改变对于霍尔推力器点火过程的影响主要包括以下两方面。一方面,在点火过程初始阶段,当阴极轴向距离推力器出口平面更近时,推力器出口和放电通道内的离子密度相对较高。这是由于当阴极轴向距离推力器出口平面更近时,点火瞬间阴极所发射的电子在进入放电通道的过程中需要穿越的磁力线数量相对较少。在这个过程中,电子和点火启动前聚集在放电通道和出口区的中性气体的碰撞频率也相对较低,电子的能量损失较小,更多的电子能够达到氙原子的电离阈值,因此在点火初始阶段能够电离的中性原子数量也更多,产生的离子数量也更多。另一方面,当阴极轴向距离推力器出口平面更近时,点火过程中工质原子的雪崩电离过程会提前,在模拟中的时间大约为 1.4 μs。

从图 3－14 和图 3－15 所示的阴极不同轴向位置的点火冲击电流变化也可以观察到相似的现象,点火冲击电流峰值的提前时间约为 3.9 μs。这是由于,当阴极轴向距离推力器出口平面更近时,在点火初始阶段产生的离子数量更多,同时产生的电子数量也更多,这些电子通过碰撞传导运动到阳极。在这个过程中,足以使得点火初始阶段生成的电子达到氙工质原子的电离阈值,这将进一步促进点火过程中的工质电离,因此推力器点火过程中的雪崩电离过程会提前。造成这些现象的主要原因是阴极轴向工作位置的改变使得点火瞬间阴极发射的电子穿越磁力线的数量发生了改变,进而造成电子在能量获取和损失过程中的差异。

3.3　阴极周围磁场环境对推力器点火过程的影响

3.3.1　阴极周围磁场环境对点火冲击电流的影响

除了阴极的工作位置以外,阴极所处的磁场环境[6]也对霍尔推力器的点火过程有着重要的影响。部分霍尔推力器磁路结构中的外部磁场存在磁分界面的显著特征,磁分界面在阴极耦合过程中起着重要作用。为了研究阴极和磁分界面的相对位置对推力器点火过程的影响,采用高速 CCD 相机拍摄了推力器点火过程中第一个点火周期及随后两个低频振荡周期内的羽流区点火图像,每两张图片的时间间隔为 14 μs,图像分辨率为 256 像素×256 像素。实验中,高速 CCD 相机与推力器羽流出射方向垂直,相机距离推力器中轴线 500 mm。

本节采用与文献[5]中相同的推力器和外凸式磁极结构来实现阴极在磁分界面内和磁分界面外的两种结构。图 3 – 24 给出了阴极在磁分界面内、外时的推力器构型和磁场分布情况。两种不同结构下,推力器放电电压均为 250 V,阳极流量为 40 sccm,阴极流量为 3 sccm。采用外凸式磁极结构实现了阴极在磁分界面内外的两种不同的相对位置,并且在两种构型下,推力器放电通道内的磁场强度几乎保持不变。

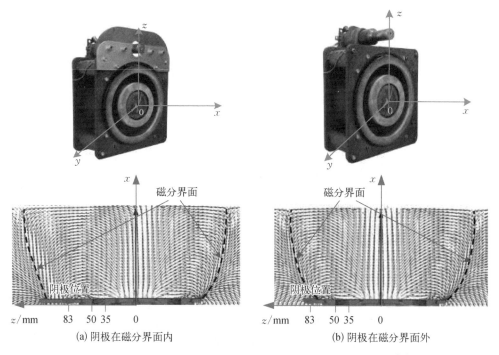

(a) 阴极在磁分界面内　　　　　　　　(b) 阴极在磁分界面外

图 3 – 24　阴极在磁分界面内、外时的推力器结构和磁场位型[5]

图 3-25(a)和(b)分别给出了阴极在磁分界面内、外时推力器的点火冲击电流,图 3-25(a)和(b)中的实点分别对应图 3-26 和图 3-27 中在不同时刻下拍摄到的点火图像。从图 3-25 可以看出,当阴极在磁分界面内时,推力器点火冲击电流峰值为 77.8 A,持续时间为 33.4 μs;当阴极在磁分界面外时,推力器点火冲击电流峰值为 71.3 A,持续时间为 36.6 μs。并且从图 3-25(b)可以看出,当阴极在磁分界面外时,在推力器从点火结束向稳态过渡的过程中出现了典型的频率为 25 kHz 的放电电流低频振荡现象。为了更加清晰地显示不同时刻下推力器点火图像在点火冲击电流上所对应的位置,下面只选取了点火冲击电流后两个振荡周期内的电流波形。

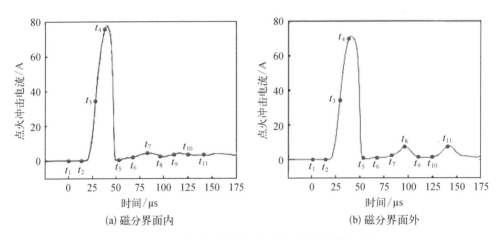

(a) 磁分界面内　　　　　　　　　　(b) 磁分界面外

图 3-25　阴极在磁分界面内、外时的点火冲击电流

3.3.2　阴极周围磁场环境对电子传导路径的影响

不同时刻下阴极在磁分界面内时推力器点火过程中的羽流区图像如图 3-26 所示。由于相机光圈的限制,为了尽可能拍摄到较大的点火图像区域,每两张点火图像之间的时间间隔较大。如图 3-26 所示,由于阴极在推力器点火之前处于加热状态,$t_1 = 0$ μs 时刻,在阴极附近和推力器出口具有一定的亮度。在 $t_2 = 14$ μs 时刻,阴极和推力器放电通道出口附近具有微弱的相对光强亮度,这个相对光强主要来来氙的发射谱线,与氙离子的密度相关[7]。这是由于当按下点火开关后,阴极触持极在瞬间施加高电压(300 V),阴极发生气体击穿并迅速引出电子。阴极在磁分界面内部,从阴极发射的电子首先沿着阴极出口附近的磁力线移动,并且与氙原子产生碰撞作用,电子穿越较少的磁力线后向加速通道运动。与此同时,会在阴极和推力器内磁极之间形成等离子体桥,从阴极引出的大部分电子随后沿着等离子体桥进入放电通道内部,在这个过程中少量的中性原子会与部分高能电子产生碰撞电离。

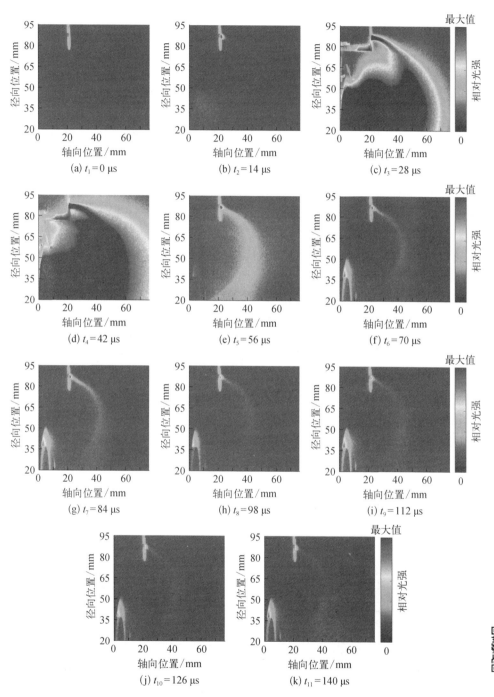

(a) $t_1 = 0$ μs

(b) $t_2 = 14$ μs

(c) $t_3 = 28$ μs

(d) $t_4 = 42$ μs

(e) $t_5 = 56$ μs

(f) $t_6 = 70$ μs

(g) $t_7 = 84$ μs

(h) $t_8 = 98$ μs

(i) $t_9 = 112$ μs

(j) $t_{10} = 126$ μs

(k) $t_{11} = 140$ μs

图 3-26　阴极在磁分界面内时推力器点火过程中的羽流区图像

$t_3 = 28\ \mu s$ 时刻,电子逐渐向阳极移动,并且在轴向电场中获得能量。当电子能量达到氙原子的电离阈值时,放电通道内发生雪崩电离,与此同时会产生大量的离子,这些离子在飞出推力器通道出口的过程中会和电子发生碰撞。由于氙离子和电子的碰撞激发,推力器放电通道出口附近的相对光强会进一步增强。

$t_4 = 42\ \mu s$ 时刻,推力器出口羽流区的相对光强亮度几乎达到最大值,与此同时,对应的点火冲击电流峰值也达到最大值,放电通道内中性原子的电离程度达到最大。此时,离子电流和电子电流几乎达到最大值,推力器出口亮度区域具有较高的等离子体密度。

$t_5 = 56\ \mu s$ 时刻,点火启动前聚集在放电通道内的中性气体几乎被完全电离耗尽,羽流区的相对光强亮度逐渐变弱。此时,在阴极出口和推力器内磁极之间可以看到清晰的等离子体桥,电子可能正试图运动到推力器中心线上,并在电场的作用下进入放电通道。

在 $t_6 = 70\ \mu s$ 到 $t_{11} = 140\ \mu s$ 阶段,推力器逐渐从点火状态向稳定工作状态过渡,等离子体桥的亮度逐渐变弱。同时,从图 3-25(a)中可以看出,此时点火冲击电流趋于稳定,推力器放电通道出口附近的亮度逐渐稳定,没有观察到明显的低频振荡现象。

图 3-27 给出了阴极在磁分界面外时推力器点火过程中的羽流区图像。从图中可以看出,$t_2 = 14\ \mu s$ 时刻,在阴极和推力器出口附近没有看到明显的相对光强亮度。这是由于当阴极在磁分界面之外时,从阴极引出的电子首先会被磁分界面外的磁力线所捕获,然后需要沿着与扩散方向相反的方向穿越更多的磁力线后进入放电通道内部。在这个过程中,电子需要运动较长的距离,穿越更多的磁力线,并且进行扩散传输运动,因此电子会与外部的中性原子发生碰撞,这将降低电子能量,使其无法达到氙原子的电离阈值,因此在放电通道出口附近没有观察到明显的相对光强亮度。

$t_3 = 28\ \mu s$ 时刻,从阴极引出的电子在放电通道内运动一段距离后从轴向电场中获得能量。此时,更多的中性原子被高能电子电离,并且电离的离子受到轴向电场的加速作用,从而向放电通道出口附近运动,在这个过程中,电子被激发然后退激发光,因此阴极和推力器出口附近的相对光强亮度增强。同时,阴极出口附近的等离子体亮斑数量也有所增加,可能是因为从阴极引出的部分电子被磁分界面外的磁力线所捕获,然后在磁分界面周向做霍尔漂移运动。

$t_4 = 42\ \mu s$ 时刻,推力器放电通道出口附近的相对光强亮度几乎到达最强,此时对应的点火冲击电流峰值也几乎达到最大值。在 $t_3 = 28\ \mu s$ 到 $t_4 = 42\ \mu s$ 阶段,阴极出口表面的相对光强亮度较强,这是由于在这个过程中,大量的氙离子被电子激发发光后被阴极外表面反射。

$t_6 = 70\ \mu s$ 时刻,推力器放电通道出口的相对光强亮度迅速变弱,此时电子能量降低,点火启动前聚集在放电通道内部的中性气体几乎被全部电离。随后,在 $t_6 = 70\ \mu s$ 到 $t_{11} = 140\ \mu s$ 阶段,推力器逐渐趋于稳定状态,放电通道内等离子体的相对光强变化呈典型的放电电流低频振荡特性。

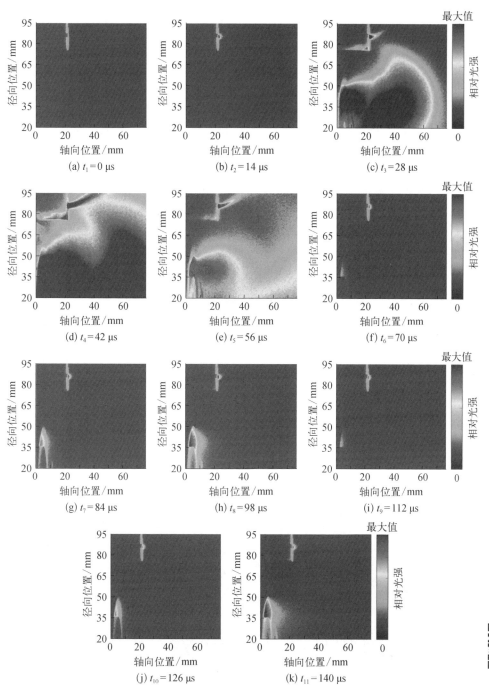

图 3-27　阴极在磁分界面外时推力器点火过程中的羽流区图像

综合对比图 3-26 和图 3-27 及上述分析可知,阴极在磁分界面内、外时,推力器点火启动过程中的羽流区图像具有明显的差异,主要体现在以下三个方面。

(1) 当阴极在磁分界面内时,阴极和推力器放电通道出口附近的中性原子在 t_2 时刻可以观察到微弱的电离现象,而阴极在磁分界面外时却观察不到明显的亮度,造成这一现象的主要原因是在两种不同结构下的点火过程中,从阴极引出的电子的传导路径不同。当阴极在磁分界面内部时,点火瞬间从阴极引出的电子首先会被磁分界面内的磁力线所捕获,然后经过较少次数的碰撞,电子在进入推力器通道的过程中穿越的磁力线数量较少,因此电子能量损失较少。当阴极在磁分界面外时,从阴极引出的电子首先会沿着磁分界面外的磁力线运动,然后电子需要进行反向扩散并且穿越较多的磁力线后才能进入放电通道内部。在这个较长的运动过程中,电子会多次和中性原子发生碰撞,从而损失更多的能量,这导致电子的能量不足以达到氙原子的电离或激发阈值,因此在阴极和通道出口附近没有观察到明显的亮度。

(2) 当阴极在磁分界面内时,在雪崩电离阶段的末尾时刻(t_5),可以在阴极出口和推力器内磁极之间观察到明显的等离子体桥现象,电子正试图运动到推力器中心线附近。当阴极在磁分界面外时,从阴极引出的电子在进行周向漂移后进入放电通道内部,等离子体亮度区域变大,并且阴极出口附近的亮斑变多。

(3) 阴极在磁分界面外部时,当推力器从点火过程向稳态过渡时,放电通道出口附近的相对光强亮度呈现周期性变化,此时推力器发生了典型的低频振荡现象。这是因为当阴极在磁分界面外时,在建立点火放电的过程中,额外的电子需要穿越较多的磁力线,这很容易激起等离子体的放电不稳定性,因此在点火图像和放电电流上都观察到了明显的低频振荡现象。

通过霍尔推力器的点火过程分析可知,推力器的点火过程是从阴极发射电子开始的,而电子的传导路径对于霍尔推力器的点火过程有着重要的影响。对于具有正交电磁场的霍尔推力器,当没有其他外力影响时,从阴极引出的电子在被磁力线束缚后只能在某一有限的范围内做稳定的霍尔漂移运动,并且难以穿越磁力线进入放电通道内部,此时电子的运动方向与电场和磁场方向都是垂直的。在这个过程中,只有当电子和分布在羽流区的中性原子发生随机碰撞时,电子的原有运动轨迹才会被改变,从而在电场力的作用下发生横越磁力线的运动,即发生了电子传导。

同时,由于磁场对电子的束缚作用,在点火瞬间,等离子体中电子的迁移率($\mu_e = e/m_e v$,其中 v 为碰撞频率,m_e 为电子质量)在垂直于磁感线方向远小于平行于磁感线方向,即 $\mu_{//} \gg \mu_{\perp}$。从图 3-25 可知,当阴极在磁分界面内时,点火初始时刻从阴极引出的电子所处的磁场环境具有明显的差异性。因此,当阴极在磁分界面内时,从阴极引出的电子首先会被磁力线捕获并沿着磁力线向放电通道内部运动,然后与中性原子发生碰撞电离,在阴极和磁力线发出的内磁极之间形成等离子体桥,进而通过阴极和推力器之间的等离子体桥进入放电通道内部。而当阴极在磁分界面外时,从阴极引出的电子首先会被磁分界面外的磁力线所捕获,并在磁分界面外做霍尔漂移运动,当和中性原子发生碰撞后,才会横向穿越磁力线,进入放电通道内部。

综上,在霍尔推力器的研究和工程应用中,应重点关注阴极与推力器的相对位置及其周围的磁场环境,这些因素将显著影响电子的运动过程,进而对推力器的点火过程产生重要影响。

参考文献

[1] Eckman R, Byrne L, Gatsonis N A, et al. Triple langmuir probe measurements in the plume of a pulsed pasma thruster[J]. Journal of Propulsion and Power, 2001, 17(4): 762 - 771.

[2] 王福锋. 空心阴极稳态寿命限制机理及拓展方法研究[D]. 哈尔滨: 哈尔滨工业大学,2018.

[3] Li W B, Li H, Ding Y J, et al. Study on the influence of change in axial position of cathode on the ignition process of a Hall thruster[J]. Vacuum, 2019, 167: 234 - 243.

[4] Hara K, Sekerak M J, Boyd L D, et al. Mode transition of a Hall thruster discharge plasma[J]. Journal of Applied Physics, 2014, 115(20): 203304.

[5] Ding Y J, Li H, Li P, et al. Effect of relative position between cathode and magnetic separatrix on the discharge characteristic of Hall thrusters[J]. Vacuum, 2018, 154: 167 - 173.

[6] Li W B, Li H, Ding Y J, et al. Study on electrons conduction paths in Hall thruster ignition processes with the cathode located inside and outside the magnetic separatrix[J]. Acta Astronautica, 2019, 155: 153 - 159.

[7] Bouchoule A, Philippe-Kadlec C, Prioul M, et al. Transient phenomena in closed electron drift plasma thrusters: insights obtained in a French cooperative program[J]. Plasma Sources Science Technology, 2001, 10(2): 364 - 377.

第 4 章
霍尔推力器点火过程中的
等离子体参数分布演化特性

阴极所发射的电子进入霍尔推力器放电通道,与通道内的中性原子发生碰撞电离,进而形成电离雪崩,建立霍尔推力器稳定的等离子体放电,在点火过程中,通道内的等离子体演化特性是理解霍尔推力器点火启动的重要物理过程之一,因此,本章主要针对这一过程展开详细的描述。

4.1 推力器点火过程中放电通道内的
等离子体参数分布演化特性

4.1.1 推力器点火动态特性观测实验装置

霍尔推力器等离子体放电过程中,粒子之间的相互作用十分激烈,特别是在推力器点火瞬间,放电通道内的等离子体密度会在 μs 量级的时间尺度内迅速上升到 $10^{18} \sim 10^{19} \ m^{-3}$。点火过程会对推力器电路系统形成较大的电流冲击,影响其稳定性,因此了解该瞬态过程对于提高推力器系统的可靠性具有重要意义。由于霍尔推力器的点火启动过程持续时间很短,通常为数十微秒,在这个过程中等离子体参数变化剧烈,采用常规的单探针和光谱等测量手段很难在小时间尺度上有效地描述点火启动过程中等离子体参数的空间演化过程。随着技术的进步,研究人员将时间分辨高速摄像技术引入推力器领域,取得了很好的效果。法国国立奥尔良大学 GREMI 实验室的 Vial 等[1]和普林斯顿等离子体物理实验室的 Ellison 等[2]分别采用高速 CCD 相机拍照的方法得到了霍尔推力器点火启动过程中羽流区侧面和正面的图像,用于研究点火启动过程中等离子体参数的变化特性。

为了研究霍尔推力器点火过程中的通道内的电离特性,这里使用高速相机拍摄点火后首个放电脉冲周期内的时间分辨发光图片,通过对图片亮度信息变化规律进行分析,研究该时间尺度上等离子体的电离分布特征。实验中所用的推力器型号为 HEP‐70MF,霍尔推力器为环形结构。为了获得霍尔推力器点火启动过程中放电通道内部的光强信息,在 HEP-70MF 推力器的陶瓷外壁上沿着中轴线方向开一条宽度为 3.5 mm、长度为 20 mm 的狭缝。Phantom 高速相机距离推力器 50 cm,透过真空罐石英玻璃观察窗调焦到推力器侧面狭缝,对点火过程中放电通道内点火启动过程中的图像进行拍摄,实验设置如图 4-1 所示。由于点火后推力器的首个脉冲的周期约为 70 μs,选择拍摄时间间隔为 8 μs 的图片来分析点火过程中通道内等离子体的状态变化。同时,利用示波器记录点火过程中点火冲击电流的变化情况,示波器采用触发模式,点火后会自动记录电流值。

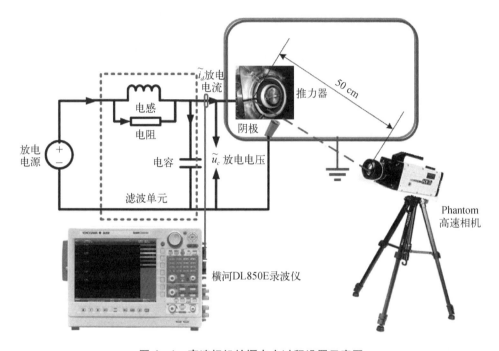

图 4-1　高速相机拍摄点火过程设置示意图

实验研究用到的高速相机核心部件是 CCD,工作时光敏传感器将接收到的谱线信号转化为电流信号并以数字图像的方式显示。传感器输出的电流信号与入射到光敏面上的光照度和曝光时间相关,当在 CCD 非饱和区以内时存在以下对应关系[3]:

$$I'_d = \xi N \Delta t \tag{4-1}$$

式中,I'_d 为 CCD 光生电荷产生的输出电流;N 为进入相机光路的辐射强度;ξ 为光电转换系数;Δt 为曝光时间。

设图像灰度值与传感器输出电流之间的转换系数为 η,则各个像素点所对应的灰度值为

$$H = \eta I_d' = \eta \xi N \Delta t \qquad (4-2)$$

对于高速相机传感器,式(4-2)中的 η、ξ 和 Δt 均由 CCD 传感器设定,由此可以看出各像素点输出的灰度值与被测目标的光辐射强度之间有一一对应的关系。从前面内容可知,推力器放电过程中,光辐射强度与激发粒子的能量和密度相关,因此可以根据数字图像的灰度值推测出放电过程中携能粒子的动力学行为。

4.1.2　点火过程中放电通道内的等离子体参数分布演化特性

图 4-2 显示的是霍尔推力器点火启动阶段,示波器记录点火冲击电流随时间的变化情况,电流曲线上的实心圆点对应不同时刻拍摄的通道内的等离子体放电图像。从图 4-2 中可以看到,推力器点火后第一个放电周期内的最大电流值约为数十安培,远高于随后的稳态点火冲击电流值[4],在点火冲击电流曲线不同时刻共记录了 10 幅图像。

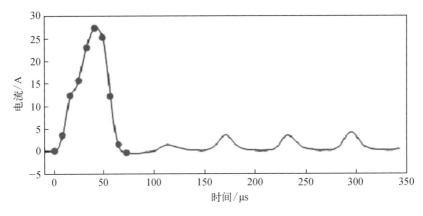

图 4-2　推力器点火启动阶段中点火冲击电流的变化情况

图 4-3 给出了点火启动阶段中 10 幅连续的图片,为了提高清晰度,对拍摄的图片进行了重构,增加了色板。图片中使用黑色的实线描出狭缝轮廓和推力器的外边缘,可以看到推力器外磁极的线圈挡住了一部分狭缝。从图 4-3 中可以看到,在点火启动的起始时刻(0 μs),在出口外侧存在明亮的发光区域。该现象的物理成因是,阴极发射的大量电子在通道出口附近会与工质气体持续产生碰撞激发和电离。由于通道出口位置的电子温度普遍比较低,此时电子对原子的激发截面要远大于电离截面,其对基态原子的激发机制占据优势,造成的结果是该区域内激发态原子的密度较高,高能态原子向下的自发辐射光强较大,这一发光机制与辉光放电中的阴极光区类似。

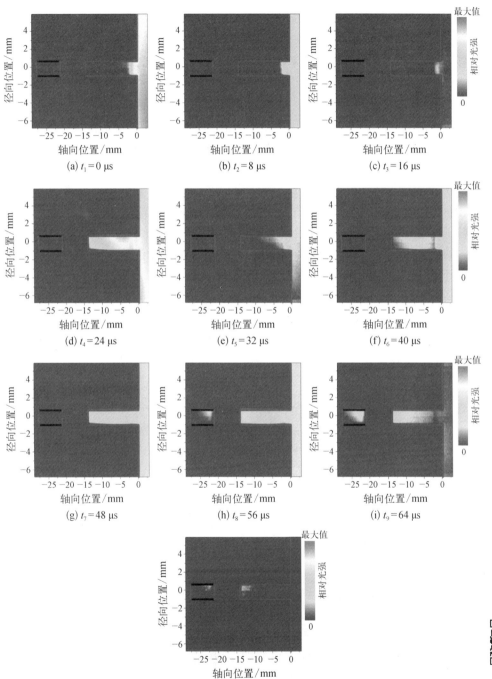

图 4-3　霍尔推力器点火后在首个放电脉冲周期内的相对光强变化情况

　　此后,电子在轴向电场的加速作用下向阳极方向传导,然后进入通道。传导过程中,电子获得能量,温度升高,原子电离过程逐渐占据主导。在增殖效应的作用下,电子数量会增加,点火冲击电流也随之增大。由于电子能量在电离过程中大量消耗,此时通道内的激发辐射过程减弱,相对光强相应降低,如 8 μs、16 μs 时刻,这与辉光放电中的阴极暗区类似。

　　如图 4 - 3(d) 所示,$t=24$ μs 时,工质的主要电离区迁移到通道中央附近,电离生成的新的低能电子与工质的碰撞激发效应增强,激发态原子的增多使得相对光强再度增强。之后,随着电子继续向阳极方向移动,电子从电场中获得足够能量,电离过程占据优势,生成的新电子使得点火冲击电流不断增大,但通道内的光强比较微弱。$t=32$ μs 以后,电离生成的离子开始在轴向电场的作用下获得很高的速度,点火冲击电流也迅速增大,在 $t=48$ μs 附近到达峰值。通道中的高能离子和中性粒子的碰撞激发过程使得通道内的相对光强再度增强,如 $t=48$ μs、56 μs 时刻通道内的明亮区域。此后,放电通道聚集的中性气体迅速被电离消耗完,中性气体的激发和电离过程变弱,相对光强也相应下降,点火冲击电流迅速减小。

　　高速相机连续拍摄的图片验证了推力器点火后主电离区域的演化规律。推力器点火后,主电离区域最初位于通道外,伴随电子在轴向电场中的迁移,主电离区域向阳极方向移动。如图 4 - 3 所示的通道各个位置的相对光强变化情况也揭示了电子向阳极移动过程中的能量变化规律与辉光放电存在相似之处。

4.2　霍尔推力器点火过程中的等离子体动力学仿真

4.2.1　点火启动过程数值模型

　　尽管采用高速 CCD 相机拍照的方法可以获得霍尔推力器点火启动过程中放电通道内等离子体参数的演化特性,但是所得结果比较唯像,且无法获得每一时刻中等离子体参数的演化特性,鉴于此,数值模拟的方法成为另一种有效手段。

　　霍尔推力器内等离子体的数值模拟研究可采用流体模拟或者动力学模拟方法。其中,流体模拟从宏观的角度研究等离子体大范围、长时间的性质,将微观得到的输运系数等作为已知条件,数值求解磁流体方程。而动力学方程则主要通过对弗拉索夫方程的求解,得到粒子的分布函数随时间的演化过程。由于存在一个多维相空间的分布函数,采用动力学方法进行数值求解时往往比较困难,往往要进行离散化处理,这样也就容易产生非物理的多束流失真,掩盖真正的物理解。因此,动力学方程在霍尔推力器内应用较少,多数情况下用于一维小尺度问题的研究。例如,Morozov 等[5]通过求解弗拉索夫方程得到了推力器的鞘层特性。

　　区别于流体模拟和传统的动力学模拟方法,Buneman 等于 1960 年左右创立了一种更基本、更容易在计算机上实现的等离子体数值模拟方法,即等离子体粒子模拟方法。采用粒子模拟方法,通过跟踪大量单个微观粒子的运动,并统计平均,得到等离子体的宏观特性。与流体力学方法相比,粒子模拟方法更加直接,避免了采用流体近似造成的计算失真,但是,粒子模拟方法存在的最大问题是计算量过大。随着计算机性能的不断提升,采用粒子模拟方法对推力器的一些特殊问题进行研究也成为可能。目前,针对霍尔推力器的数值模拟,粒子模拟方法[6]、流体模拟方法[7],以及综合这两种方法的混合模拟方法[8]均得到了广泛的应用。

　　霍尔推力器运行过程中,粒子密度很稀薄,粒子间的运动控制方程采用描述稀薄气体运动的方程,在建模过程中主要考虑粒子模拟方法。在粒子模拟方向,PIC 为最合适的仿真模拟手段,已经在很多等离子放电模拟中取得了丰厚的成果。如图 4-4 所示,本节主要借鉴已有的并已经在模拟霍尔推力器及电子的近壁传导工作中使用的模拟方法,简要介绍一种基于 PIC -蒙特卡罗碰撞(Monte Carlo collision, MCC)的二维物理空间和三维速度空间(2D-3V)模型[9,10],读者可参考相关计算等离子体物理或电推进数值模拟等专业书籍来了解详细的霍尔推力器模拟方法。

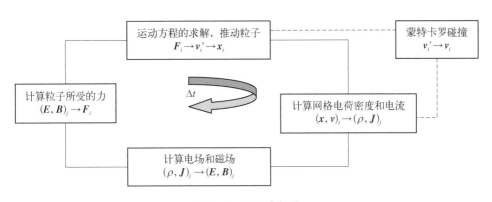

图 4-4　PIC 流程图

　　此模型能够有效地追踪粒子的运动并记录工质原子、电子、离子的位置、速度和能量信息,为分析点火过程的微观粒子分布提供帮助。

　　选定模拟方法后,进一步要设定模拟区域的范围。考虑到霍尔推力器的轴对称圆环式结构,模型中选用柱坐标作为坐系,其中 r、z 坐标记录粒子位置信息;v_r、v_z、v_θ 记录粒子速度信息,根据轴对称原则,模拟区域选用放电通道径向截面的一半,同时在实验测量中发现电势在羽流区内仍有十分明显的下降,因此在模拟区域添加了一定范围的羽流区,用于提高模拟的真实性。

　　在选取确定了模拟区域后,在模拟区域内布置一定量的模拟粒子,粒子在模拟空间中满足均匀分布的要求并通过直接抽样的方法对粒子进行采样,因此对于二维轴对称模型,需要通过式(4-3)的方式进行布置:

$$z = z_0 + (z_1 - z_0)R_F$$

$$r = r_0 + (r_1 - r_0)R_F \tag{4-3}$$

式中，z_0、z_1 表示仿真粒子在 z 方向的最小值和最大值；r_0、r_1 表示仿真粒子在 r 方向的最小值和最大值；R_F 为 $[0, 1]$ 内均匀分布的随机数。

随后，设置粒子进入离开模拟区域的方式及粒子在模拟区域内的运动模式，即设置控制方程。将原子设置为从阳极边界以半麦克斯韦分布的速度进入模拟区域并采用直接模拟蒙特卡罗(direct simulation Monte Carlo，DSMC)方法处理原子之间的碰撞，DSMC 方法在稀薄气体分析方面得到了广泛应用，具有运算速度快、计算精度高的优点，其主要原理是：设网格体积为 V_c，并且在网格中的仿真分子代表 w_n 个真实分子，在 Δt 时间内，两个仿真分子的碰撞概率等于二者相对运动的距离与平均自由程的比值，可由式(4-4)表示：

$$P = w_n Q c_r \Delta t / V_c \tag{4-4}$$

式中，Q 代表分子间的碰撞截面；c_r 表示相对速度。

电子从阴极边界以恒定速度进入羽流区并在一定的条件下与工质气体发生电离碰撞，离子由电子电离工质气体产生，继承被电离原子的位置信息并且得到一半的能量。由于模型中的原子采用巨粒子形式进行处理，在每次处理后，需要统计相应原子中所剩余的实际原子数量，如果原子数量较少，那么将相应的原子合并成为新的模拟原子。同时，在模拟过程中求解粒子运动时，选用有二阶计算精度的 Boris 算法求解牛顿方程，Boris 算法具有高效的计算性能和优良的全局搜索能力。

Boris 算法的具体步骤：首先将粒子在一半的电场中进行加速，将速度 $\boldsymbol{v}^{t-\Delta t/2}$ 更新为 $\boldsymbol{v}^-$，然后根据 $\boldsymbol{v}^-$ 计算粒子在磁场中旋转得到 $\boldsymbol{v}^+$，最后在剩余半次电场的作用下得出粒子新速度 $\boldsymbol{v}^{t+\Delta t/2}$。具体的计算公式为

$$\begin{cases} \boldsymbol{v}^- = \boldsymbol{v}^{t-\Delta t/2} + \dfrac{e\Delta t \boldsymbol{E}^t}{2m_e} \\[2mm] \boldsymbol{v}' = \boldsymbol{v}^- + \boldsymbol{v}^- \times \boldsymbol{t}^t \\[2mm] \boldsymbol{v}^+ = \boldsymbol{v}^- + \boldsymbol{v}' \times \dfrac{2\boldsymbol{t}^t}{1 + \boldsymbol{t}^t \cdot \boldsymbol{t}^t} \\[2mm] \boldsymbol{v}^{t+\Delta t} = \boldsymbol{v}^+ + \dfrac{e\Delta t \boldsymbol{E}^t}{2m_e} \end{cases} \tag{4-5}$$

式中，$\boldsymbol{E}$ 表示电场强度；m_e 表示电子质量；$\boldsymbol{t}^t = e\Delta t \boldsymbol{B}^t/2m$，上标 t 表示时刻。

对于带电粒子，需要首先通过泊松方程计算其所在位置的电磁场信息，在柱坐标情况下，包含轴向 z 和径向 r 的二维泊松方程可写为

$$\frac{1}{r}\frac{\partial}{\partial r}\left(r\frac{\partial \Phi}{\partial r}\right) + \frac{\partial^2 \Phi}{\partial z^2} = -\frac{e}{\varepsilon_0}(n_i - n_e) \tag{4-6}$$

式中，Φ 表示空间电势；n_i 和 n_e 分别表示电子密度和离子密度；e 表示单位空间电荷；ε_0 表示真空介电常数。

在对整个模拟空间等空间步长划分网格后，可以得到其简化方程：

$$\frac{(\Delta r)^2}{(\Delta z)^2}(\Phi_{i+1,j} + \Phi_{i-1,j}) - 2\left[1 + \frac{(\Delta r)^2}{(\Delta z)^2}\right]\Phi_{i,j} + \left(\frac{r_{i,j+\frac{1}{2}}}{r_{i,j}}\Phi_{i,j+1} + \frac{r_{i,j-\frac{1}{2}}}{r_{i,j}}\Phi_{i,j-1}\right)$$

$$= -\frac{(n_i - n_e)_{i,j}}{\varepsilon_0}(\Delta r)^2 \qquad\qquad (4-7)$$

式中，i、j 分别代表 z 和 r 方向的网格序号。

在推动粒子运动后，需要更新相应粒子的速度与位置信息并更新此位置下的电场信息，将相应粒子分配到邻近的网格节点处，采用加权方法进行分配，其数学描述如式（4-8）所示：

$$\begin{cases} W_{j,k} = \dfrac{(z_{j+1} - z_q)(r_{k+1} - r_q)(r_k + r_q)}{2r_j\Delta r\Delta z} \\[3mm] W_{j+1,k} = \dfrac{(z_q - z_j)(r_{k+1} - r_q)(r_k + r_q)}{2r_j\Delta r\Delta z} \\[3mm] W_{j,k+1} = \dfrac{(z_{j+1} - z_q)(r_q - r_k)(r_{k+1} + r_q)}{2r_j\Delta r\Delta z} \\[3mm] W_{j+1,k+1} = \dfrac{(z_q - z_j)(r_q - r_k)(r_{k+1} + r_q)}{2r_j\Delta r\Delta z} \end{cases} \qquad (4-8)$$

式中，Δr 和 Δz 分别表示 r 和 z 方向的网格间距；下角标 k 表示 r 方向的网格编号；下角标 q 表示粒子。

模拟推动粒子运动完成后，记录中间时刻的粒子分布，设置相应输出间隔步长，当步长达到时，记录下相应时刻的模拟参数分布情况。最后分析设置模型中的电磁场信息，基本方法为粒子在模拟区域内受到的电场由粒子运动自洽产生，磁场在 FEEM 中进行仿真计算并在模拟区域内保持不变。

为建立完整的模型，完成以上工作后还需设置边界条件来约束整个模拟区域，在本模型中，考虑霍尔推力器的运行状态，采用金属边界、绝缘边界、对称边界、自由边界、阳极边界、阴极边界，简要描述如下。

金属边界：粒子与金属边界发生碰撞后，原子被随机反弹回模拟区域并且原子温度与壁面温度一致；离子失去电性转化成原子并损耗一半的能量，被随机反弹回模拟区域；电子在金属边界被吸收，移出模拟区域。

绝缘边界：当粒子撞击绝缘边界时，离子被先前聚集在绝缘边界的负电荷所中和,成为中性原子,并且这些中性原子以半麦克斯韦分布速度被重新发射到模拟区域,但能量减半。中性原子继承了绝缘边界的温度,并以半麦克斯韦分布均匀地发射到模拟空间中。同时,鉴于放电通道的电介质壁面一般采用氮化硼陶瓷,因此模型中所选用的二次电子发射模型与文献[10]中相同。

对称边界:采用对称边界的主要目的是减少模拟区域。轴对称模型中认为,当粒子穿过对称边界后,在相应的穿越位置处会有一个与其能量、电性相同的粒子如同镜面反射般进入模拟区域。

自由边界:粒子在模拟过程中,受空间电磁场的影响,其位置会发生改变,例如,离子在电场的作用下,加速从出口喷出,运动到自由边界后离开模拟区域。自由边界指电势为0的边界,粒子在这个边界上能够不受外力的作用保持已有的运动状态。

阳极边界:工质气体需要通过阳极,即气体分配器来进入模拟区域,放电电压加载在阳极边界上,用来驱动离子运动,等离子体放电产生的电子要被阳极接收,离开计算模拟区域并形成阳极电流。

阴极边界:在模拟过程中,电子主要从阴极边界进入模拟区域,其相应的速度与初始设置的电子温度相关并且初始位置沿阴极边界均匀分布。

建立的模型模拟区域、边界条件、磁场位形如图4-5所示。

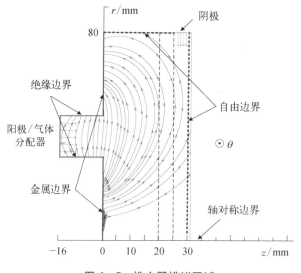

图 4-5   推力器模拟区域

模拟方程及边界条件的设置完成后,计算精度与计算时长的平衡是等离子体模拟中的重要问题。在计算精度方面,粒子碰撞在通道内相对于羽流区的反应程度更加剧烈,因此在通道内选用尺寸较小的网格进行区域划分。同时,在计算方法方面,首先考虑粒子碰撞,根据统计信息,三体发生碰撞的概率很低,在模型中只计算弹性碰撞,电离碰撞与激发碰撞。其次,为了获得一个合适的模拟速度和计算精度,选用 Szabo[11] 和 Taccogna 等[12] 提出的两种不同方法来减小计算量,前者采用人工增大真空介电常数并减小重粒子质量(如 Xe 和 Xe⁺)的方法,而后者采用减小推进器尺寸的方法。为了验证离子和原子的质量缩放因子和真空介电常数对模拟结果的影响,计算了不同质量缩放因子(100、200 和 400)和真空介电常数(64 倍、100 倍和 144 倍)下的推力器侧点火冲击电流,分别如图 4-6 和图 4-7 所示。

从图 4-6 可以看出,尽管 PIC 模型中质量缩放因子的改变对推力器侧点火冲击电流的开始增长时间和点火冲击电流峰值有明显的影响,但是在较高的点火电压下,点火冲击电流峰值仍然较大,点火冲击电流峰值到来的时间也会提前,这一宏观规律与 4.2.2 节中观测到的实验结果吻合。而且从图 4-6 也可以看出,随着离子和原子的质量缩放因子逐渐变小,不同点火电压下的点火冲击电流峰值及其时间差会明显增大。这是因为当离子和原子的质量缩放因子逐渐变小后,PIC 模型中离子和原子的质量会相对变大,计算速度变慢,导致点火过程持续时间变长。

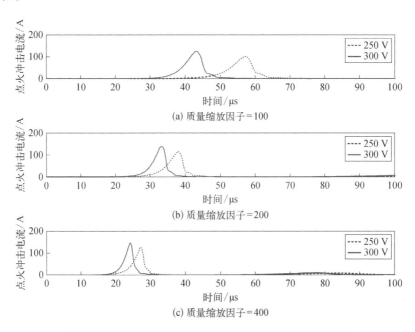

图 4-6 不同质量缩放因子下的点火冲击电流变化特性

从图 4-7 可以看出,随着 PIC 模型中的真空介电常数逐渐变小,点火冲击电流开始增长的时间会显著延长,不同阳极电压下点火冲击电流峰值的时间差会显著增大,点火冲击电流峰值会显著降低(从 140 A 降低到 60 A)。但是当阳极电压增大后,仍然会看到点火冲击电流的峰值较大,点火冲击电流峰值到来的时间存在提前现象。

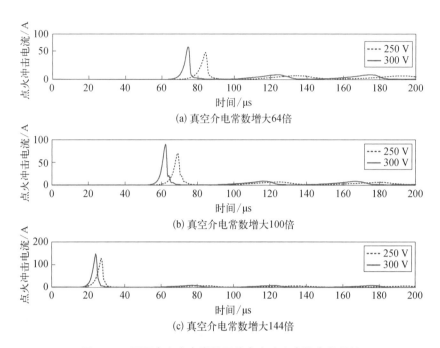

(a) 真空介电常数增大64倍

(b) 真空介电常数增大100倍

(c) 真空介电常数增大144倍

图 4-7　不同真空介电常数下的点火冲击电流变化特性

综合图 4-6 和图 4-7 的结果可以看出,尽管改变离子和原子的质量缩放因子和真空介电常数,尤其是改变真空介电常数时,会对推力器侧点火冲击电流开始增长的时间和峰值产生明显影响,但是当阳极电压较高时,点火冲击电流峰值仍然较大,并且点火冲击电流峰值到来的时间也会提前,这一影响规律并不会随着 PIC 模型中离子和原子的质量缩放因子和真空介电常数的改变而改变。而且在 PIC 模型的数值计算中,为了获得合适的计算速度并保证模拟结果的准确性,以及验证所建立模型的适应性,常通过修改 PIC 模型中的离子和原子质量缩放因子和真空介电常数来实现[13,14]。因此,为了同时保证 PIC 模型的模拟准确度和速度,本书选择了前一种方法,即离子和原子质量的缩放因子为 400,同时将真空介电常数增大 144 倍,保证网格尺寸大于德拜长度。

4.2.2　点火过程中等离子体参数分布的演化特性模拟

为通过点火冲击电流的宏观特性对比实验和数值模拟结果验证霍尔推力器点火模型的适应性,模拟和实验均采用 1.35 kW 功率等级霍尔推力器,因为 1.35 kW 功率等级霍尔推力器相对成熟,有大量的模拟和实验可供借鉴。模拟中,霍尔推力器采用标准工况,即阳极电压 300 V,阳极工质选用惰性气体氙气(Xe),工质流量设置为 50 sccm,阴极流量为 3 sccm。霍尔推力器放电电压为 250 V 和 300 V 时的点火冲击电流实验测试曲线如图 4-8 所示。从图 4-8 可知,当放电电压为 250 V

时,推力器侧点火冲击电流峰值和持续时间分别为 67.3 A 和 87.5 μs;当放电电压为 300 V 时,推力器侧点火冲击电流峰值和持续时间分别为 86.7 A 和 80.1 μs,明显高于放电电压为 250 V 时。当推力器点火成功后,点火冲击电流会以低频振荡的形式逐渐向稳态放电过程过渡,此时点火冲击电流的平均值约为几安培,远低于点火冲击电流值。

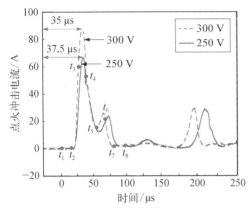

图 4 - 8　不同放电电压下的推力器侧点火
　　　　冲击电流(实验测量)

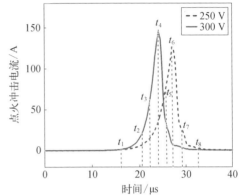

图 4 - 9　不同放电电压下的推力器侧点火
　　　　冲击电流(模型计算)

　　不同放电电压下的推力器侧点火冲击电流模拟值如图 4 - 9 所示,由图可知,推力器侧点火冲击电流峰值为百安培量级,是稳态点火冲击电流的数十倍,与文献 [6] 中的实验结果相似。同时,从图 4 - 9 可以看出,当推力器放电电压增大时,点火冲击电流峰值会变大,并且峰值到来时间会提前。当推力器点火成功后,点火冲击电流以约 20 kHz 的放电电流低频振荡频率向稳态放电过程转换。考虑到在实验中,这些特征参数都能够测量出,并且模拟值与实验测量值在量级和变化趋势上保持一致,此模型在反映霍尔推力器点火过程上具有一定适应性,可用于推力器点火物理过程和等离子体参数分析。

　　采用 4.2.1 节中所描述的模型模拟不同时刻下的等离子体参数分布演化过程,以 1.35 kW 霍尔推力器样机模型为输入条件的点火冲击电流模拟结果如图 4 - 10 所示。图 4 - 10(a) 给出了霍尔推力器从点火启动到稳定工作状态的整个过程中的点火冲击电流变化,图 4 - 10(b) 为图 4 - 10(a) 中的局部放大图,并且为了方便论述点火过程中的微观粒子演化规律,在电流上升与下降段选取了 6 个点火冲击电流的典型时刻,分析点火过程中的粒子空间分布演化情况。其中,$t_0 \sim t_1$ 表示初始时刻段,$t_1 \sim t_3$ 表示电流迅速上升段,t_3 表示点火冲击电流峰值出现时刻,$t_3 \sim t_5$ 表示点火过程到稳态的转换下降过程,并在这些过程中分别选取模拟结果中的等离子体密度、原子密度和空间电势空间分布来分析整个点火过程。

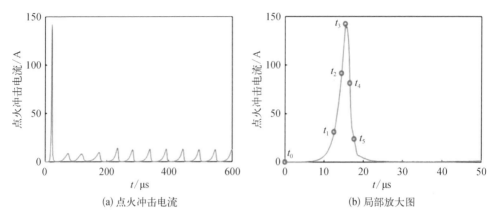

(a) 点火冲击电流　　　　　　　　　(b) 局部放大图

图 4-10　整个工作周期中的点火冲击电流及点火过程中的局部放大图

点火过程中的离子密度空间分布如图 4-11 所示,由图可知,在初始阶段 ($t=t_0$),少量的离子在羽流区出现;在上升阶段 ($t=t_1 \sim t_3$),离子密度快速增大,并且电离位置由羽流区向通道内移动;在下降阶段 ($t=t_4 \sim t_5$),离子分布向通道出口移动。与后续点火时刻的离子密度相比,在点火初始时刻,推力器放电通道内和羽流区的离子密度较低,因此在 t_1 时刻,离子密度尺度设置为 $10^{16}/m^3$ 量级,后续点火时刻的离子密度尺度设置为 $10^{19}/m^3$ 量级,下面采取了相同的处理方法。

如图 4-12 所示,初始阶段 ($t=t_0$),少量原子在羽流区出现;上升阶段 ($t=t_1 \sim t_3$),原子密度快速上升,并且电离位置由羽流区向通道内移动;下降阶段 ($t=t_4 \sim t_5$),原子分布向通道出口移动。

如图 4-13 所示,初始阶段 ($t=t_0$),电势在放电通道内呈线性下降趋势;上升阶段 ($t=t_1 \sim t_3$),电势梯度逐渐下降;下降阶段 ($t=t_4 \sim t_5$),电势下降主要分布在阳极附近并且梯度变大。

首先,在初始时刻 t_0,从在图 4-11(a) 中能够看到密度量级在 10^{16} 的少量等离子体分布在羽流区;从图 4-12(a) 中能够看出大部分原子密度保持在 10^{19} 量级并且位于放电通道内,未产生明显变化;同时,观察图 4-13(a),能够直观地看出电势从阳极到出口呈线性分布。

初始时刻的模拟结果表明,由于缺乏高能的电子,模拟区域内的电离不够充分,并且阴极发射的电子也没有足够的能量摆脱磁场的束缚作用,无法穿越磁力线进入通道内。由于电子大部分处于羽流区内,电子和原子在羽流区更容易发生碰撞电离,大部分离子分布在羽流区,如图 4-11(a) 所示。同时,通道内的电势呈线性分布,也说明此时通道内的等离子体密度很低。

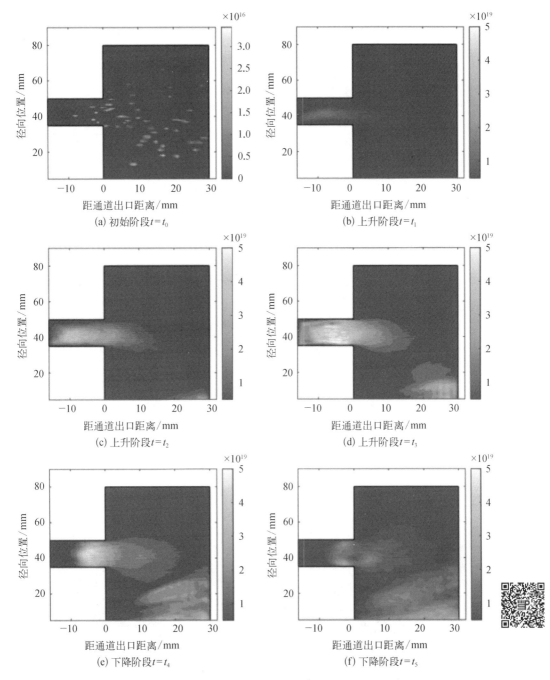

图 4 - 11　点火不同阶段的离子密度空间分布(单位: $1/m^3$)

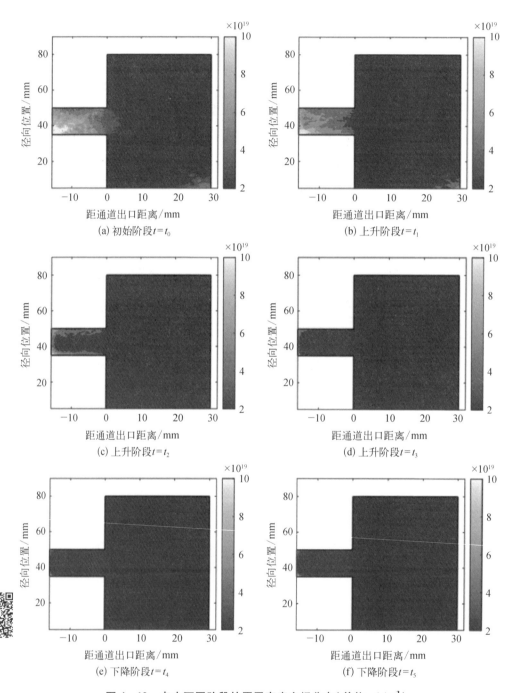

图 4-12 点火不同阶段的原子密度空间分布(单位: 1/m³)

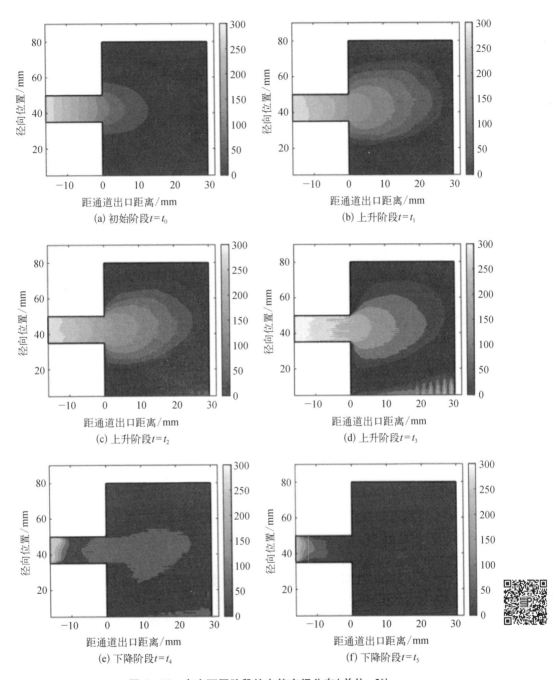

图 4-13　点火不同阶段的电势空间分布(单位: V)

随后,在点火冲击电流的上升阶段($t_1 \sim t_3$),可以发现越来越多的电子通过碰撞等方式向高电势区域移动,在这个过程中,电子从阳极和阴极之间的轴向电场中获得足够的能量。同时,由于在点火启动前放电通道内已经聚集了大量的中性原子,电子与原子发生电离碰撞的概率显著提高,电离产生的新电子能够继续在电场中获得能量进而维持并促进这种电离状态,并推动电离发展为雪崩电离。在这个过程中,离子密度明显增大,放电通道内的原子密度显著减小,放电通道内的电势空间分布变得平缓,同时放电通道内的电势降变小。

在点火冲击电流急速上升阶段,从粒子密度量级上可以看到,离子密度从$10^{16}/m^3$量级上升到$10^{19}/m^3$量级,同时原子密度从$10^{19}/m^3$量级降低到$10^{18}/m^3$量级,粒子密度的上升与原子密度的下降能够反映出模拟区域内电子和中性工质原子发生了剧烈的碰撞电离反应。基于这个模拟结果,可以认为图4-10(b)中的第2个空心点对应的时刻为雪崩电离开始的时刻。同时,从图4-12(b)中的原子密度分布可以看出,靠近放电通道出口的原子密度首先减小,其次靠近阳极区域的原子密度减小,形成图4-12(c)中所示的原子密度分布。进一步关注图4-13中的电势空间分布,可以发现在这个阶段,放电通道内的电势梯度相对较小,从这个结果中可以得出,电子一旦进入放电通道,电子在运动中获得的能量将足够高,继而促进通道内工质的雪崩电离,从模拟结果中可以判断霍尔推力器点火启动过程中电离的发生位置,即工质电离首先发生在羽流区附近,之后随着电子的移动,逐渐向放电通道内部发展。

在点火过程快速上升段的结尾(t_3时刻),点火冲击电流值达到最大值。在这个时刻,模拟区域内的等离子体密度也达到最大值,同时离子密度最大的位置到达放电通道出口处,原子密度则继续减小。从图4-13所示的$t_4 \sim t_5$时刻的放电电势分布中也可以看出,随着霍尔推力器点火过程逐渐增强,推力器的放电电势降也逐渐从推力器放电通道出口羽流区向阳极附近移动。点火启动前在放电通道内和出口区聚集的氙气工质原子几乎被完全电离,推力器侧点火冲击电流逐渐减小,点火过程中产生的离子也被阳极和阴极之间的轴向电场加速后喷出推力器的放电通道出口,从而使得放电通道内的离子密度显著减小,电离过程逐渐向阳极区域移动,此时电势降也主要集中在阳极附近。霍尔推力器的点火启动过程基本结束,点火冲击电流以低频振荡的形式向稳态放电过程过渡。

参考文献

[1] Vial V, Mazouffre S, Prioul M, et al. CCD images of Hall effect thruster plume dynamics after ultrafast current ignition[J]. IEEE Transactions on Plasma Science, 2005, 33(2): 524-525.

[2] Ellison C L, Raitses Y, Fisch N J. Fast camera imaging of Hall thruster ignition[J]. IEEE Transactions on Plasma Science, 2011, 39(11): 2950-2951.

[3] Wang H, Biao Y, Chunlai Y, et al. Electrical and optical diagnostic of ferroelectric micro-plasma thruster[C]. Los Angeles: 12th International Conference on Nano/Micro Engineered and Molecular Systems (NEMS), IEEE, 2017.

[4] Yan S L, Li W B, Ding Y J, et al. High-speed camera imaging in the discharge channel during a hall thruster ignition[J]. IEEE Transactions on Plasma Science, 2018(46): 1058 - 1061.

[5] Morozov A I, Savel'ev V V. Kinetics of a low-density plasma near a dielectric surface with account for secondary electron emission[J]. Plasma Physics Reports, 2007, 33(1): 20 - 27.

[6] Li W B, Wei L Q, Li H, et al. Study on the influence of the anode voltage on the ignition process of Hall thrusters[J]. Plasma Science and Technology, 2020, 22(9): 25 - 37.

[7] Lentz A, Christopher M S. Transient one dimensional numerical simulation of Hall thrusters [C]. Monterey: 29th Joint Propulsion Conference and Exhibit, 1993.

[8] Hara K. Development of grid-based direct kinetic method and hybrid kineticcontinuum modeling of Hall thruster discharge plasmas[D]. Michigan: University of Michigan, 2015.

[9] 刘辉. 霍尔推力器电子运动行为的数值模拟[D]. 哈尔滨: 哈尔滨工业大学, 2009.

[10] 李鸿. 霍尔推力器寿命周期内电子近壁传导特性研究[D]. 哈尔滨: 哈尔滨工业大学, 2011.

[11] Szabo J J. Fully kinetic numerical modeling of a plasma thruster[D]. Cambridge: Massachusetts Institute of Technology, 2001.

[12] Taccogna F, Longo S, Capitelli M, et al. Plasma flow in a Hall thruster[J]. Physics of Plasmas, 2005, 12(4): 043502.

[13] Liu H, Yu D R, Yan G J, et al. Investigation of the start transient in a Hall thruster[J]. Contributions to Plasma Physics, 2008, 48(9 - 10): 603 - 611.

[14] Wei L Q, Gao Q, Li W B, et al. Simulation of plasma dynamics during discharge ignition in Hall thruster [J]. The European Physical Journal D, 2019(73): 55.

第 5 章
霍尔推力器点火过程中的电流冲击

大量实验研究表明,霍尔推力器点火过程中,会在推力器的阳极侧和放电电源侧各产生一个数倍于稳态放电电流的点火冲击电流,有时甚至高达百安培量级,所产生的点火冲击电流峰值和持续时间在几十微秒范围内,大的冲击电流会对整个卫星平台造成显著影响,主要有以下几点。第一,点火冲击电流在百安培量级,远高于稳态放电电流,可能引起供电电源保护动作,电源输出关闭,导致推力器在轨点火失效。第二,点火瞬间形成的冲击电流会影响整个推进系统的绝缘设计和电磁兼容设计。第三,推力器点火瞬间产生的冲击会对推进系统的推力输出产生较强的扰动,形成的瞬态不平衡力矩会影响卫星的姿态。第四,随着推力器功率等级逐渐增大,推力器点火冲击电流进一步增大,可能会对卫星平台产生更加显著的影响。

因此,研究霍尔推力器点火过程中的电流冲击的形成机理及点火参数的改变对点火冲击电流的影响规律,进而提出点火过程电流冲击的预测和抑制方法,对于确保推力器在轨安全可靠点火具有重要的工程意义和理论意义,本章主要针对上述内容展开专门介绍。

5.1 推力器侧点火冲击电流特性

5.1.1 推力器侧点火冲击电流的形成机理

霍尔推力器点火启动过程中,首先会在推力器阳极侧形成一个峰值高达百安培量级的点火冲击电流。霍尔推力器点火启动过程中,普遍认为阳极侧点火冲击电流的形成机理如下:点火时原本聚集在放电通道内的原子在瞬间发生雪崩式电离,电子到达阳极,离子被加速喷出,形成电流冲击。阴极发射电子通过等离子桥进入通道,电子在通道内受到磁场约束,做霍尔漂移运动。同时,电子受到轴向电场的加速升温作用,当电子能量达到原子电离阈值后,电子碰撞中性原子,使其电离,同时,每个中性原子至少产生一个新的电子,新电子与原电子一起继续参与新的电离,如此形成正反馈过程,即电子密度增加促进了电离,电离过程又伴随着电子数量的增加,在正反馈作用下,电子数量呈"爆炸式"增长,形成电子雪崩。点火启动过程中,通道内的原子密度远远大于霍尔推力器稳态情况下的原子密度,并且电子雪崩的时间尺度很小,中性原子在极短的时间内即被电离消耗殆尽(密度大大降低)。因此,点火冲击电流的形成是点火时放电通道内的所有原子在瞬间发生雪崩式电离的结果。

点火启动前,放电通道内的原子密度大约为霍尔推力器在稳态下工作的几十倍,通道内因原子瞬间电离形成的点火冲击电流峰值是正常放电电流的数倍,瞬间高电流是电磁干扰的重要来源之一,对整个电路的电源系统产生冲击作用,严重影响霍尔推力器的使用寿命。因此,分析点火冲击电流的影响因素,研究点火冲击电流变化与霍尔推力器各工作参数之间关系,寻找有效抑制点火冲击电流的方法对于推力器安全运行至关重要。

5.1.2　放电参数对推力器侧点火冲击电流的影响

由点火冲击电流的形成过程可知,其在推力器点火启动过程中是不可避免的,点火冲击电流不仅与推力器的宏观放电参数有关,还与推力器和电源之间的滤波单元元件参数息息相关[1]。在此基础上,分析点火冲击电流随放电参数的变化特性,主要关注点火冲击电流的影响因素和点火冲击电流随各影响因素的变化规律,以此评价其对推力器的影响。

在霍尔推力器点火启动过程中,励磁电流会影响从阴极引出的电子到达放电通道的难易程度,放电电压会影响电离过程中的电子能量,阳极流量可以改变点火启动前通道内的原子密度,进而影响推力器点火启动过程中电子和原子的碰撞频率,它们都与点火冲击电流紧密相关。因此,本节首先讨论分别改变励磁电流、放电电压和阳极流量时点火冲击电流的变化特性,实验结果如图 5-1 所示。

从图 5-1(a)中可以看出,励磁电流的变化对点火冲击电流峰值和持续时间没有产生显著影响。由霍尔推力器的工作原理可知,励磁线圈产生的径向磁场会约束电子的轴向运动,建立周向的霍尔漂移运动,使其在通道内与更多原子电离,提高电离率。霍尔推力器的通道尺寸限制使得磁场只对电子有影响,几乎不影响离子运动。电子雪崩过程中,磁场对大量电子的束缚作用有限,导致在雪崩电离发生时,通道内的电离几乎不受磁场的影响。同时,针对霍尔推力器稳态的数值模拟分析中,霍尔漂移电流形成的轴向磁场与通道内静态磁场叠加,导致磁场凸向阳极的曲率变大,认为这是磁场在点火启动中几乎不影响点火冲击的原因之一。从这一实验结果中可以看出,霍尔推力器磁场会对点火的启动条件产生显著影响,影响阴极原初电子进入通道的过程,而一旦触发雪崩电离,磁场对此过程几乎没有影响,即磁场几乎不影响点火冲击电流。

从图 5-1(b)中可以看出,随着放电电压增加,推力器点火冲击电流峰值增大,同时点火冲击电流持续时间减小;从图 5-1(c)中可以看出,随着阳极流量增加,点火冲击电流峰值增加,同时冲击电流持续时间变大。

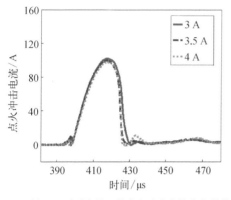

(a) 不同励磁电流下的点火冲击电流变化特性

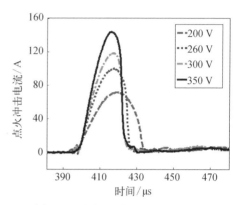

(b) 不同放电电压下的点火冲击电流变化特性

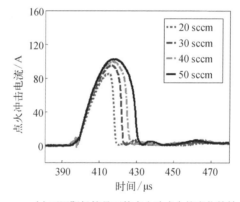

(c) 不同阳极流量下的点火冲击电流变化特性

图 5-1　点火冲击电流随宏观放电参数的变化规律

　　统计不同放电电压和阳极流量对点火冲击电流峰值的影响,结果如图 5-2 所示。从图 5-2(a)中可以看出,在阳极流量和励磁电流相同的条件下,点火冲击电流峰值随着放电电压的增加而呈线性增长的趋势。随着放电电压逐渐升高,放电通道内的电场强度增大,电子在单位距离上获得的能量增加,导致电子温度升高。工质的电离速率与电子温度成正比,因此电离速率相应增加,使得放电通道内有更多的氙原子被电离,从而导致点火冲击电流峰值变大。

　　在不同阳极电压和励磁条件下,点火冲击电流峰值随阳极流量的变化特性如图 5-2(b)所示,从图中可以看出,点火冲击电流峰值随着阳极流量的增加而增加。阳极流量增大后,气体击穿前,通道内的初始原子密度增大,在推力器点火瞬间,可以电离的原子数量增加,因此点火冲击电流峰值会相应增大。阳极流量增大

后,虽然点火击穿前通道内的原子密度变大了,但是由于点火过程中从阴极引出的
电子数量是一定的,电子碰撞电离的能量损失与从电场中获能的能量平衡,最终导
致点火冲击电流峰值的增大程度随着阳极流量的进一步增大而逐渐变缓。

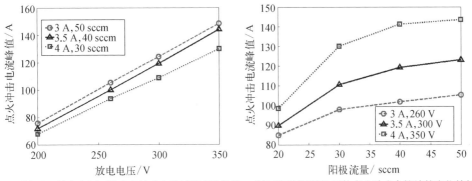

(a) 不同放电电压下的点火冲击电流峰值变化特性　　(b) 不同阳极流量下的点火冲击电流峰值变化特性

图 5 - 2　不同工作参数下的点火冲击电流峰值变化特性

对不同放电电压和阳极流量下的点火冲击电流持续时间进行了统计,结果如
图 5 - 3 所示。由图 5 - 3(a) 可知,点火冲击电流峰值的持续时间随着放电电压的
升高而减少。这是由于在阳极流量一定的条件下,放电电压逐渐升高,使得电离速
率增大,从而可以在较短的时间内使通道内充满的氙原子发生电离。随着阳极流
量的增大,点火冲击电流的持续时间变长,实验结果如图 5 - 3(b) 所示。随着阳极
流量增大,在点火过程中能够被电离的原子数量也增多,点火冲击电流的持续时间
也不断增加。霍尔推力器工作期间,放电电流存在 10~40 kHz 的低频振荡,点火冲
击电流的持续时间为几十微秒到几百微秒,与推力器低频振荡的时间尺度接近,说

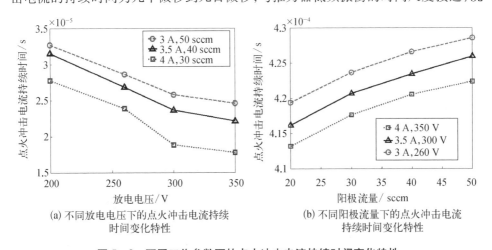

(a) 不同放电电压下的点火冲击电流持续　　　(b) 不同阳极流量下的点火冲击电流
　　　时间变化特性　　　　　　　　　　　　　　　持续时间变化特性

图 5 - 3　不同工作参数下的点火冲击电流持续时间变化特性

明点火冲击过程也是一个工质激烈电离的过程。研究结果表明,随着放电电压增大或阳极流量降低,电离区域逐渐向上移动[2],实验观察到的振荡频率增大,这也从侧面表明放电电压增大或者阳极流量降低会使得点火冲击电流持续时间减少。

5.1.3 外回路参数对推力器侧点火冲击电流的影响

为避免霍尔推力器单机与电源系统匹配工作时放电低频振荡对电源的影响,通常在推力器和电源之间增加由 RLC(电阻 R、电感 L、电容 C)组成的匹配网络,通常称为滤波单元(filter unit, FU),霍尔推力器点火过程中的冲击电流是推力器通道内的工质电离在供电回路上的宏观表现,显然点火过程中的冲击电流也会受到滤波单元结构参数的影响,本节将重点介绍推力器侧点火冲击电流随滤波单元各元件参数的变化。

实验中采用的点火电路如图 1-6 所示,霍尔推力器的阳极供气流量为42.8 sccm,阳极电压为 260 V,励磁电流为 3.5 A,滤波单元电阻值和电感值保持不变,电阻为 100 Ω,电感为 0.1 mH,电容的初始值为 10 μF,以步距 10 μF 逐渐增加到 70 μF。在每一电容值下,进行点火实验 10 次,记录点火冲击电流的变化情况。推力器侧点火冲击电流峰值随电容值的变化情况如图 5-4 所示,从实验结果中可以看到,随着电容值的增大,点火冲击电流峰值也增大,而点火冲击电流峰值的持续时间略减少。

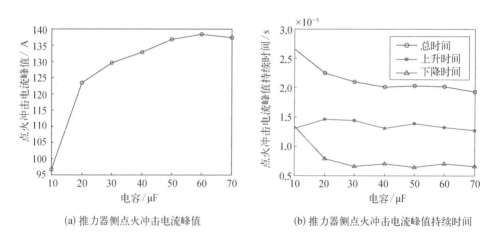

(a) 推力器侧点火冲击电流峰值   (b) 推力器侧点火冲击电流峰值持续时间

图 5-4 推力器侧点火冲击电流峰值和持续时间随滤波电容的变化特性

对于这一变化趋势,可以从电容的储能过程加以理解,随着电容值的增大,在点火启动前,电容储存的电荷量增加,在相同放电电压下,点火启动过程中电容两端的平均电压增大,也就是说推力器阴阳两极之间的平均电压增大,即推力器阳极和阴极之间的电容有效维持了点火过程中阴极和阳极之间的端口电压,由于平均电压相对较高,高能电子数量增加,原子电离率提高,外在表现为放电电流峰值的增大。由于放电电压固定不变,电容两端电压能达到的最大值就是放电电压值,因此可以预测点火冲击电流峰值随电容变化的极限状态是放电点火冲击电流峰值不再随着电容的变化而变化。实验数据显示,外回路电容值大于 20 μF 之后,点火冲击电流峰值对电容的变化率约为 0.4 A/μF,远小于随放电电压和阳极流量的变化。因此,可以认为,滤波器中当电容增加到一定数值时,其对点火冲击电流峰值的影响不再变化。

霍尔推力器的阳极供气流量设为 42.8 sccm,阳极电压为 260 V,励磁电流为3.5 A,滤波单元电容值和电阻值保持不变,这里取电阻为 100 Ω,电容为 30 μF,电感的变化范围为 0.1~0.7 mH,进行 10 次点火实验,记录点火冲击电流的变化情况。推力器侧点火冲击电流峰值和持续时间随滤波电感的变化特性如图 5-5 所示。由图 5-5 可知,推力器点火启动过程中,点火冲击电流基本不随电感的变化而变化,即电感不是推力器侧点火冲击电流的主要影响因素。

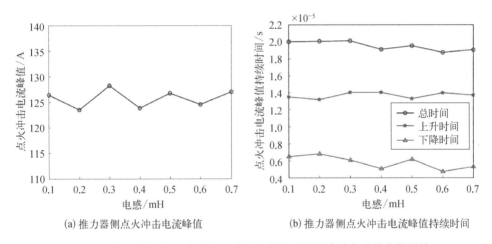

(a) 推力器侧点火冲击电流峰值　　　　(b) 推力器侧点火冲击电流峰值持续时间

图 5-5　推力器侧点火冲击电流峰值和持续时间随滤波电感的变化特性

霍尔推力器的阳极供气流量为 42.8 sccm,阳极电压为 260 V,励磁电流为3.5 A,滤波单元电容值和电感值保持不变,电容为 30 μF,电感为 0.1 mH,实验中的电阻取值分别为 10 Ω、20 Ω、30 Ω、50 Ω、100 Ω。选取不同的电阻值,在同一放电参数条件下进行点火实验 10 次,记录点火冲击电流变化。推力器侧点火冲击电流峰值随滤波电阻的变化特性如图 5-6 所示,由图可知,随着电阻增大,推力器侧点火冲击电流峰值呈减小趋势,其变化范围很小,点火冲击电流峰值持续时间基本不变,即可认为点火冲击电流基本不随电阻的变化而变化,因此可以忽略电阻的影响。对比分析外回路滤波单元各元件参数和宏观放电参数的实验数据可知,推力器点火启动时,对于点火冲击电流,宏观放电参数是主要影响因素,尤其是放电电压和阳极流量,而外回路参数基本不影响推力器侧点火冲击电流。

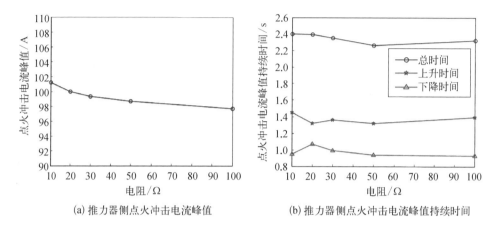

(a) 推力器侧点火冲击电流峰值　　　　　(b) 推力器侧点火冲击电流峰值持续时间

图 5 - 6　推力器侧点火冲击电流峰值和持续时间随滤波电阻的变化特性

5.2　电源侧点火冲击电流特性

5.2.1　电源侧点火冲击电流

实验测试表明,霍尔推力器点火启动过程中,除了在推力器阳极侧产生一个冲击电流外,在放电电源侧也会不可避免地出现一个持续时间大约为几十微秒、峰值大约为几十安培到百安培量级的点火冲击电流。在两种不同的点火参数下进行点火测试,实验结果如图 5 - 7 所示。点火过程中,电源侧点火冲击电流峰值在不同放电参数下有明显差距,且看似不受推力器侧点火冲击电流的影响,图 5 - 7(a)中的放电参数如下: 放电电压 200 V、阳极流量 50 sccm、励磁电流 3.5 A、电源侧点火冲击电流峰值 128.2 A、推力器侧点火冲击电流峰值 76 A,从图中可以看出,电源侧点火冲击电流峰值大于推力器侧点火冲击电流峰值。而图 5 - 7(b)中的放电参数如下: 放电电压 350 V、阳极流量 30 sccm、励磁电流 3.5 A、电源侧点火冲击电流峰值 105.5 A、推力器侧点火冲击电流峰值 134.8 A,由图可知,电源侧点火冲击电流峰值小于推力器侧点火冲击电流峰值,且在不同参数下,电源侧点火冲击电流峰值时间滞后于推力器侧点火冲击电流。

众所周知,出于安全性考虑,电源系统中通常会设定一个电源过流保护值,一旦电流超过过流值,电源就会自动关闭输出[3]。因此,点火启动过程中,电源侧点火冲击电流峰值的不确定性导致电源过流值的设定存在不确定性,影响推力器的可靠运行。同时,在任一能满足推力器成功点火的放电参数下,点火启动过程中电

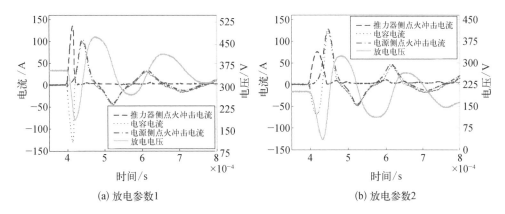

(a) 放电参数1　　　　　　　　(b) 放电参数2

图 5-7　点火瞬时电流和电压的变化特性

源侧点火冲击电流峰值都是推力器稳定运行时电源侧点火冲击电流峰值的数十
倍,瞬间的高电流会冲击电源系统,引起电磁干扰,影响电源使用寿命[4],因此点火
过程中电源侧的点火冲击电流也是需要关注和研究的问题之一。

　　电源侧点火冲击电流的形成显然与推力器点火过程相关,从电路分析可知,点
火瞬间推力器侧点火冲击电流是通道内原子瞬间发生雪崩式电离的结果,推力器
点火可以近似认为是气体击穿短路放电过程,导致由电阻、电容和电感组成的滤波
电路中电容两端的电压下降,图 5-7 中的放电电压曲线即为电容两端的电压,电
容两端电压下降,电源通过电感与电阻的并联支路为推力器阳极和阴极端口并联
的电容充电,导致推力器电源侧形成点火冲击电流。

5.2.2　电源侧点火冲击电流峰值理论边界

　　分析图 1-6 所示的点火电路,根据基尔霍夫定律,点火启动过程中电源侧点
火冲击电流可以表示为

$$I_p = I_{d_0} + C\frac{\mathrm{d}U}{\mathrm{d}t} \tag{5-1}$$

式中,I_p 为电源侧点火冲击电流;I_{d_0} 为推力器稳定运行时的放电电流;C 为电容器
电容;$\mathrm{d}U$ 为放电点火冲击电流引起的电容两端的压降。

　　点火启动过程中,时间数量级为微秒量级,时间很短,因此可以采用推力器点
火启动过程中电容两端的压降 ΔU 代替瞬时变化压降 $\mathrm{d}U$,时间微分 $\mathrm{d}t$ 可由电容充
电时间 Δt 代替。于是,在电容充电的这段时间内,电源侧点火冲击电流可表示为

$$I_p = I_{d_0} + C\frac{\Delta U}{\Delta t} \tag{5-2}$$

式中,ΔU 为电容两端的压降。

图 5-7 中的实验结果显示,当电源侧点火冲击电流达到最大值时,放电电流已基本趋于稳定,因此式(5-2)中的 I_{d_0} 表示推力器稳定运行时的放电电流,那么电源侧点火冲击电流峰值主要取决于电容两端的压降及电容充电时间。电容器充电时间与 RLC 滤波电路参数有关,由电路理论基础可知,RLC 谐振网络都有一个内在确定的谐振角频率[5]:

$$\omega = 1/\sqrt{LC} \qquad (5-3)$$

式中,ω 为角频率,rad/s;L 为滤波单元电感,H。

根据角频率,可以计算谐振周期为

$$T = 2\pi\sqrt{LC} \qquad (5-4)$$

式中,T 为谐振周期,s。

从图 5-7 可以发现,电容充电时间大约为其周期的四分之一,即电源侧点火冲击电流表达式可表示为

$$I_p \approx I_{d_0} + C\frac{\Delta U}{\frac{\pi}{2}\sqrt{LC}} \qquad (5-5)$$

注意这里对充电时间的估计只是一种简化的近似,根据电路理论,电容的电容值基本保持恒定,而电感值受磁芯饱和的影响,与通过电感的电流相关,尤其是在滤波器设计中,电感的稳态通流能力只有几安培,而瞬时冲击电流可达几十到上百安培,由电磁学相关理论可得到以下公式:

$$\Phi = B \cdot S \qquad (5-6)$$

$$B = \mu H \qquad (5-7)$$

$$H\mathrm{len} = NI \qquad (5-8)$$

式中,Φ 为通过线圈的磁通量,T·m²;B 为磁感应强度,T;S 为电感磁路的横截面积,m²;μ 为磁导率;H 为磁场强度,T;len 为电感磁路长度,m。N 为电感线圈匝数;I 为通过电感的电流,A。

根据电感的定义式可得

$$L = \frac{N\Phi}{\mathrm{len}} \qquad (5-9)$$

综合式(5-6)~式(5-8),代入式(5-9),化简可得

$$L = \frac{\mu N^2 S}{\mathrm{len}} \qquad (5-10)$$

如果流过电感的电流没有超过允许值范围,电感的电感值基本不变,如果电感上的电流过大,磁导率 μ 将会减小,电感值 L 也会随之减小。更确切地说,根据磁化曲线,当通过电感的电流过大时,磁芯饱和,磁化曲线进入非线性关系饱和区域,在该区域内,随着 H 增大,B 几乎不变。因此,可以查询选用磁芯的磁化曲线,对电感相对磁导率 μ 和磁场强度 H 之间的关系进行拟合,这里采用指数函数的形式对两者之间的关系进行拟合,如图 5-8 所示,拟合函数如下:

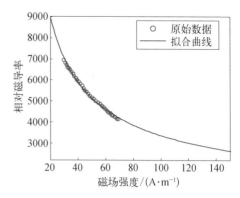

图 5-8　电感相对磁导率与磁场强度的关系

$$\mu = a\mu_0 H^b \tag{5-11}$$

式中,a、b 为拟合系数,$a \approx 5.67$,$b \approx -0.61$;μ_0 为真空磁导率。

综合式(5-8)和式(5-11)可得

$$\mu = a\mu_0 \left(\frac{NI}{\text{len}}\right)^b \tag{5-12}$$

将式(5-12)代入式(5-10),可以得到推力器点火启动过程中电感的变化关系式:

$$L = f(I_p) = a\mu_0 SN^{2+b}\text{len}^{-b-1}I_p^b \tag{5-13}$$

在推力器点火启动过程中,会出现电感磁饱和现象,电感值瞬间减小,此时电感的阻抗只有几欧姆。然而,霍尔推力器滤波器中用于增加阻尼的电阻一般为百欧姆量级,远大于点火瞬间电感的阻抗值。本节实验中与电感并联的电阻值为 120 Ω,因此可以忽略通过电阻的电流,认为在点火瞬间,放电电源只通过电感为电容充电。将式(5-13)代入式(5-5)中,同时考虑到 I_{d_0} 远小于 I_p,因此式(5-5)可以表示为

$$I_p = \left(\frac{4C}{\pi^2 a\mu_0 SN^{2+b}\text{len}^{-b-1}}\right)^{\frac{1}{b+2}}\Delta U^{\frac{2}{b+2}} \tag{5-14}$$

从电源侧点火冲击电流峰值公式(5-14)中不难看出,电源侧点火冲击电流峰值与滤波器电感参数、电容值及电容压降相关,而电容压降与推力器点火过程相关,即电源侧点火冲击电流峰值不仅受外回路参数的影响,同时受点火参数的影响。因此,分别通过改变推力器的阳极流量、放电电压或励磁电流来测量点火瞬间

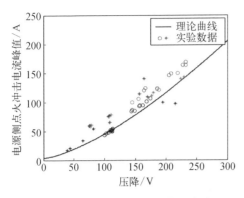

图 5 - 9　电源侧点火冲击电流峰值
与压降的关系

滤波器电容的压降,得到不同点火参数下电容的压降与电源侧点火冲击电流峰值的关系,结果如图 5 - 9 所示,其中每个数据点都是单独不同的点火实验参数结果。

从图 5 - 9 可以看出,电源侧点火冲击电流峰值随着电容器的压降而增大,并且根据式(5 - 14)计算得出的电源侧点火冲击电流理论计算峰值与实验测量的散点吻合良好。每个实验数据是在不同点火参数条件下测量的,均与理论预测趋势相吻合。由于滤波器电容并联在推力器阳极和阴极之间,电容电压即推力器阳极和阴极之间的电压。也就是说,点火过程中阴极和阳极之间的压降是形成电源侧点火冲击电流的主要原因。

由推力器的点火过程分析可知,电容压降是点火瞬时通道内原子瞬间发生雪崩式电离的结果。由电路理论和点火电路可知,电容两端电压等于推力器阳极和阴极之间的电压。因此,电容压降可由电容特性公式计算得出:

$$\Delta U = \frac{Q_i}{C} \tag{5-15}$$

式中,Q_i 为点火过程中的电荷量,C。

于是电源侧点火冲击电流峰值计算公式可以表示为

$$I_p = \left(\frac{4}{\pi^2 a\mu_0 SCN^{2+b} \mathrm{len}^{-b-1}} \right)^{\frac{1}{b+2}} Q_i^{\frac{2}{b+2}} \tag{5-16}$$

回顾等离子体产生机制可知,Q_i 与放电通道内中的原子总数和电离强度有关,启动过程中的极限情况是通道内所有原子全部被电离。因此,可以利用原子全部电离的电荷数量来估算点火启动过程中电源侧点火冲击电流峰值的最大值。假设在推力器点火启动过程中,放电通道内的氙原子为理想气体,并且在此过程中全部被电离。根据理想气体的状态方程,原子总数量可以通过点火前的通道压力 $P(l)$ 计算得到:

$$N = \int_{l_1}^{l_2} \frac{P(l)}{RT} N_A S_C \mathrm{d}l \tag{5-17}$$

式中,N 为原子总数量;$P(l)$ 为点火前的通道压力,Pa;R 为理想气体常数,J/(mol·K);T 为点火前气体温度,K;N_A 为阿伏伽德罗常数,1/mol;S_C 为推力器放电通道横截面积,m^2;l_1 为气体分配器对应的轴向坐标,规定 $l_1 = 0$;l_2 为放电通道出口对应的轴向坐标,m。

考虑到在霍尔推力器瞬态点火启动过程中,推进剂并没有被完全地电离,定义电离系数 α' 来表征点火过程中工质原子的电离程度。显然, α' 与点火前推力器的放电电压和质量流量等参数有关。同时,忽略二价离子,因此霍尔推力器点火启动过程中,原子电离电荷量为

$$Q_i = \alpha' eN = \alpha' e \int_{l_1}^{l_2} \frac{P(l)}{RT} N_A S_C \mathrm{d}l \tag{5-18}$$

式中, e 为电子电荷数, $e = 1.6 \times 10^{-19}$ 。

实验采用的推力器基本参数如下: $R = 8.3$ J/(mol·K), $N_A = 6.02 \times 10^{23}$, $T = 300$ K, $S_C = 4.0 \times 10^{-3}$ m^2 , $l_1 = 0$, $l_2 = 0.05$ m。

将式(5-17)和式(5-18)代入式(5-14),整理得到推力器点火启动过程中电源侧点火冲击电流峰值的最大值:

$$I_{pmax} = \left(\frac{4}{\pi^2 a \mu_0 S C N^{2+b} \mathrm{len}^{-b-1}} \right)^{\frac{1}{b+2}} \alpha'^{\frac{2}{b+2}} \left[e \int_{l_1}^{l_2} \frac{P(l)}{RT} N_A S_C \mathrm{d}l \right]^{\frac{2}{b+2}} \tag{5-19}$$

从式(5-19)中可以看出,推力器点火启动过程中,电源侧点火冲击电流峰值最大值可以通过点火前放电通道内的压力计算得到,鉴于此,在已知滤波参数下,在霍尔推力器不点火的前提下,即可利用式(5-19)得到给定不同阳极流量时电源侧点火冲击电流峰值的理论最大值。

为进一步验证推力器电源侧点火冲击电流峰值最大值的理论分析结果,利用一台连接长度为 15 cm、直径为 0.8 cm 的玻璃管的 ZJ27 - Φ15.5 电离规装置对通道内的轴向压力分布进行测量,电离规固定在可以轴向移动的步进电机上。当霍尔推力器的通道内注入不同阳极流量的氙气时,步进电机带动电离规,在霍尔推力器的通道内产生轴向移动,测得霍尔推力器通道内的压力分布,测量装置如图 5-10 所示。在不同阳极流量下,推力器放电通道内的压力分布测量曲线如图 5-11 所示。

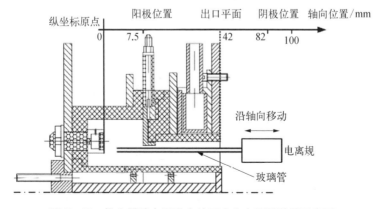

图 5-10　推力器放电通道内的压力分布测量装置示意图

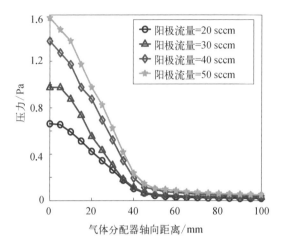

图 5－11　推力器放电通道内的压力分布测量曲线

　　实验中的滤波器参数如下：$N=20$、$S=3\times10^{-5}$ m²、len=0.25 m、$C=10$ μF；将上述测得的压力值代入电源侧点火冲击电流峰值计算公式(5－19)中,得到推力器点火启动过程中的电源侧点火冲击电流峰值最大值,见图 5－12 中的实线,对不同放电电压下的测量结果与该计算值进行比较。从图 5－12 可以看出,随着质量流量和放电电压的增大,电源侧点火冲击电流峰值也相应增大。同时,图 5－12 中也给出了推进剂不同电离程度下点火启动过程中的电源侧点火冲击电流峰值。质量流量和放电电压对电源侧点火冲击电流峰值的影响与式(5－19)中计算的不同 α' 的结果相吻合。质量流量决定了所产生离子的数量,质量流量越大,原子密度也越大,原子密度越高,原子与电子碰撞频率增加,有利于电离。

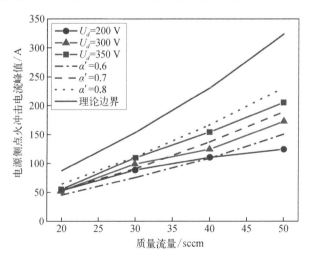

图 5－12　电源侧点火冲击电流峰值理论预测曲线

　　因此,随着质量流量的增加,原子密度增加,电离系数 α' 增大,此时推力器点火过程中电源侧点火冲击电流峰值相应增大。当放电电压增加的时候,阴极和阳极之间的轴向电场增强,电子在相同运动距离上获得的能量增大。尽管点火启动过程中能够电离的原子总数不变,但是电子能量增大意味着将有更多的工质原子被电离。因此,电源侧点火冲击电流峰值随着放电电压的增大而增大,这些实验结果也可以通过设置式(5 - 19)中的电离系数 α' 来重现。如果考虑极限情况,放电通道中的所有原子被完全电离,即 α' 值达到 1,电源侧点火冲击电流峰值也将达到最大值。图 5 - 12 给出了点火过程中电源侧点火冲击电流峰值的理论边界,即实验值不会超过理论预测值,这也表明推力器不点火时,推力器启动过程的电源侧点火冲击电流峰值可以通过式(5 - 19)来估算,这可以提供一种有效的方法给出放电电源过流保护值的设定参考值,也可以用来优化推力器的点火过程。

5.2.3　放电参数对电源侧点火冲击电流的影响

　　从电源侧点火冲击电流峰值公式(5 - 14)中不难看出,电源侧点火冲击电流峰值取决于外回路电感参数和电容压降,而电容压降与电容、推力器阳极流量、放电电压等放电参数有关,即电源侧点火冲击电流峰值不仅受外回路参数的影响,同时受放电参数的影响。从图 5 - 12 的结果中可以看到,随着质量流量和阳极电压的增大,电源侧点火冲击电流峰值也增大,这里再简单讨论一下两者之间的关系。

　　推力器点火实验中,放电电压为 260 V、励磁电流为 3.5 A 时,电容压降和电源侧点火冲击电流峰值随阳极流量的变化规律如图 5 - 13 所示。由图可知,推力器启动过程中,电容压降随阳极流量的增大而呈线性增大趋势,同时电源侧点火冲击电流峰值与阳极流量变化呈现出明显的线性关系,即点火瞬间电源侧点火冲击电

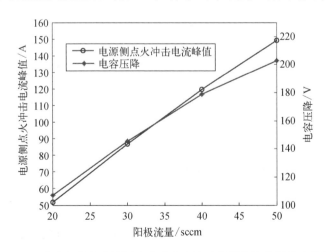

图 5 - 13　电容压降和电源侧点火冲击电流峰值随阳极流量的变化规律

流峰值随着阳极流量的增大而增大。阳极流量是点火前通道内原子的源头,决定了可供电离的原子数量,因此阳极流量增大时,初始状态原子数量增加,更多的原子被电离,导致电离电荷量增加,即此时式(5-16)中的 Q_i 会明显增大,进而引起电源两端压降的变化,最终表现为电源侧点火冲击电流峰值产生变化。

当阳极流量为 40 sccm、励磁电流为 3.5 A 时,推力器点火启动过程中,电容压降和电源侧点火冲击电流峰值随放电电压的变化曲线如图 5-14 所示。由图可见,当放电电压增大时,电容压降增大,相应地,电源侧点火冲击电流峰值增大。对此,从粒子微观运动角度来考虑,阳极流量不变、放电电压增大时,放电通道内电场增大,电子获得的能量增大,尽管通道内的原子总数量保持不变,但仍有更多的原子被电离,同样在式(5-16)中表现为 Q_i 增大。因此,表现为电源侧点火冲击电流峰值随着放电电压增大而增大的结果。

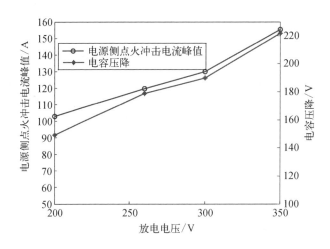

图 5-14　电容压降和电源侧点火冲击电流峰值随放电电压的变化规律

5.2.4　外回路宏观参数对电源侧点火冲击电流的影响

正如 5.2.3 节中所述,霍尔推力器点火启动过程中,电源侧点火冲击电流峰值与滤波器参数和点火参数息息相关,从图 5-12 的结果中可知,在固定的滤波器参数下,电源侧点火冲击电流随着点火阳极电压和质量流量的增大而增大。本节重点讨论外回路参数,研究霍尔推力器点火启动过程中的电源侧点火冲击电流特性。

电源侧点火冲击电流峰值与电感的关系如图 5-15 所示,从图中可以看出,在不同的电容下,推力器点火启动过程中,电源侧点火冲击电流峰值随着电感值的增大而减小。根据电源侧点火冲击电流峰值计算公式(5-14)可知,电源侧点火冲击电流峰值与电感有关,实验中主要是通过改变电感线圈匝数和磁路来改变电感参数,于是式(5-14)中会有两个变化量,较难得出 I_p 与电感的变化趋势。由 L 与电源侧点火冲击电流峰值 I_p 之间的关系式（5－5）可知，随着 L 的增大，I_p 减小。针对 L 与 I_p 的关系，可以从电感在电路中的作用予以理解：电感的主要作用是阻碍电流变化，电感值越大，电感阻碍电流变化的作用越强，即推力器滤波电路中的电流变化趋势变缓，电源侧点火冲击电流峰值变小，因此电源侧点火冲击电流峰值随着电感值的增大而呈减小趋势，简单来看，这一实验结果与理论分析趋势定性吻合。

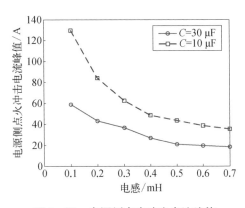

图 5－15　电源侧点火冲击电流峰值随电感的变化规律

　　实验中分别测量了不同电容下推力器点火启动过程中的电源侧点火冲击电流峰值，统计得到的变化规律如图 5－16 所示。从图 5－16 中可以看出，推力器点火启动过程中，电源侧点火冲击电流峰值随电容的增大而逐渐减小。根据电源侧点火冲击电流的形成机理，即式（5－19）可知，在其他参数不变的前提下，当电容值增加时，电源侧电火冲击电流峰值将随之降低，结合电容本身特性进行分析，电容值大小表征电容储存电荷能力，即电容维持其两端电压，电容值 C 越大，电容储存电荷的能力越强，电容两端的电压变化越小。推力器点火启动过程中，电容压降随电容的变化情况如图 5－17 所示，由图可见，电容压降在电容增大的情况下呈现明显的减小趋势，因此阳极电源通过 RL 并联回路为电容充电，电流峰值显著降低。改变滤波器电容参数可以有效降低电源侧点火冲击电流峰值，对解决推力器电源安全可靠性具有借鉴意义。

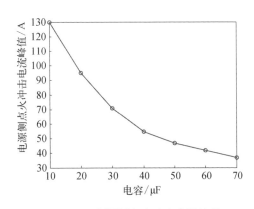

图 5－16　电源侧点火冲击电流峰值随电容的变化规律

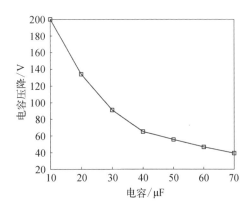

图 5－17　电容压降随电容的变化规律

　　综合考虑，当外回路电容参数变化时，I_{pmax} 计算公式中会出现引起电容 C 和电容压降 ΔU 的变化，并且两者的变化方向相反。比较来看，ΔU 的变化范围远大于

C 的变化范围,C 对电流峰值的影响在微安数量级,而 ΔU 对电流峰值的影响在几十安培数量级上,因此在探讨电容对电源侧点火冲击电流峰值的影响时,忽略电容值本身的变化,主要考虑电容改变对电容压降的影响,从而导致电源侧点火冲击电流峰值的变化,其变化规律表现为:随着滤波器电容的增大,推力器点火启动过程中,电源侧点火冲击电流峰值是减小的。分析外回路参数的影响机理可知,改变滤波器参数来降低电源侧点火冲击电流峰值,这对减小电源侧点火冲击电流冲击,提高推力器电源安全可靠性具有借鉴意义。

霍尔推力器点火启动过程是一个复杂的物理过程,对于任一型号的推力器,点火启动过程中都会存在参数匹配问题,只有在合适的点火参数下,推力器才能点火成功。推力器的点火参数既包括宏观放电参数又涉及点火回路参数和滤波单元参数,但是当一款霍尔推力器需要进行工程应用时,对于滤波单元等无法在轨进行实时调节的元件参数,已经在地面完成了优化设计,真正影响霍尔推力器在轨点火可靠性的参数主要包括阴极点火参数和推力器点火参数。同时,通过前面的研究可知,在霍尔推力器的在轨点火过程中,尽管磁场强度越低,阳极电压和阳极流量越低,在推力器阳极侧和放电电源侧所产生的点火冲击电流峰值越低,但与此同时,霍尔推力器的在轨点火可靠度也会显著下降,二者之间存在强烈的矛盾。因此,设置合适的在轨点火参数,既能最大限度地确保推力器点火成功,同时减小点火冲击。

参考文献

[1] Zhakupov A, Khartov S, Latyshev L. Transients during stationary plasma thruster start up[C]. Cannes:3rd International Conference on Spacecraft Propulsion, 2000.

[2] Escobar D, Ahedo E. Low frequency azimuthal stability of the ionization region of the Hall thruster discharge. II. global analysis[J]. Physics of Plasmas, 2015, 22(10):102114.

[3] 杨乐. 脉冲等离子体推力器工作过程理论和实验研究[D]. 长沙:国防科学技术大学,2007.

[4] 李林凌,刘伟,赵烁. 电推进系统空间实验技术研究[J]. 航天器工程,2014,23(3):126 - 132.

[5] 陈希有,孙立山. 电路理论基础[M]. 北京:高等教育出版社,2004.

第 6 章
霍尔推力器点火启动边界

霍尔推力器点火启动过程的本质是正交电磁场下的气体击穿过程,由气体放电理论可知,只有电压大于某一值时,气体才会被击穿,即气体击穿电压存在临界值,并且临界电压与气压、原子密度等许多参数密切相关。同理,推力器点火启动过程中也会存在点火启动边界,这一点火边界会受到各种放电参数的影响。多年来的实验测试表明,在固定推力器构型下,点火启动受阳极流量、阳极电压和励磁电流的影响,阐明阳极电压、阳极流量和励磁电流等宏观放电参数与点火启动边界的关系及其物理机理和特性,探寻点火启动边界,是提高霍尔推力器点火可靠性的基础。

理想情况下,霍尔推力器的点火参数(主要包括阴极点火参数和推力器点火参数)的输出值和设定值之间的差异为零。但是在实际的工作过程中,这些点火参数的输出值和设定值之间总是存在差异,即推力器的点火参数存在输出不确定性,对推力器的临界点火电压和点火裕度有着重要的影响,其影响规律和影响的程度是本章的主要论述内容。如此,霍尔推力器在轨工作过程中一旦发生失效,就可以根据这些研究结果对点火参数进行针对性的调整,从而保证推力器的点火过程始终安全可靠。并且在后续霍尔推力器的设计和优化过程中,通过对点火参数设计合理的裕度,就可以满足推力器的点火可靠性指标要求。

6.1 点火启动前暗电流及其变化规律

霍尔推力器点火过程中,各阶段相互制约,只有通道中的电子密度和能量满足一定的条件时,第二阶段的电离雪崩才能发生。由此可知,推力器点火是一个复杂的物理过程,存在多场相互耦合、多因素相互制约的现象。对于任一型号的推力器,点火启动成功并非理所当然,点火过程由点火电路、滤波单元各元件参数、阴极状态、背景气压及各种放电参数等共同决定。另外,存在一个可靠的点火边界,并且点火边界会受到上述所有因素的影响,推力器点火成功的必要条件是各个参数互相匹配。因此,通过点火边界实验分析上述因素对点火边界的影响规律,保证推力器在轨运行过程中的可靠点火是非常必要的。对于点火启动边界,一般重点关注以下几个问题:第一,明确点火启动物理过程;第二,分析点火启动前暗电流的主要影响因素,关注各因素对暗电流的影响程度;第三,分析点火边界条件与各参数之间的规律,最大限度地提高推力器点火可靠度。

在此,借鉴气体击穿的基本原理,电子雪崩是推力器点火启动过程中的一个重要物理过程,其关系到推力器能否点火成功。电子雪崩之前,推力器通道内会有一个微小的暗电流,点火前通道内的暗电流是制约雪崩发生的关键因素,是推力器点火启动的边界参数。因此,本节将通过实验手段,研究点火前暗电流的变化规律,并分析实验结果,给出暗电流随宏观放电参数的变化规律,考察其影响因素,为点火边界参数选择提供理论依据,确保推力器的可靠点火。

暗电流发生阶段近似对应于推力器点火启动过程中的电子传导阶段,这一阶段中,主要是电子与壁面和少量中性粒子发生碰撞过程,形成电子传导电流。电子传导电流很小,并且点火前暗电流的持续时间很短,在固定放电参数下很难精确地测量到点火前的暗电流变化,需要在宏观放电参数产生连续微小变化的前提下才能观测到其变化值。因此,实验中设定固定阳极流量和励磁电流,对阳极电压进行连续可控的调节,得到点火前暗电流的伏安特性曲线,研究暗电流与宏观放电参数的变化规律及其相应机理。点火前暗电流的实验测试回路如图 6-1 所示,实验中,励磁电流和阳极流量保持为固定值,阳极电压作为控制信号,通过可控电源调节阳极电压(从 0 V 开始,以 1 V/s 的速率连续变化,最大值限定为 500 V)。与此同时,在放电回路中通过采集电阻及信号放大装置采集点火前的暗电流。实验中,

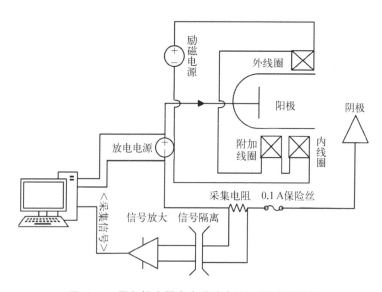

图 6-1 霍尔推力器点火前暗电流实验测试回路

阴极利用触持维持,阳极电压从0 V开始连续逐步升高,直至放电回路中的保险丝熔断(熔断值为0.1 A),推力器点火成功。

6.1.1 暗电流随阳极电压的变化特性

实际上,点火前的暗电流随阳极电压的变化曲线就是点火过程中暗电流区域的伏安特性曲线,如图6-2所示。从图6-2可以看出,电子雪崩,即推力器点火成功之前,存在一个微小的暗电流,暗电流随着阳极电压的增加而增大,达到某一阈值时,推力器发生雪崩电离,点火成功。图6-2中的曲线可分为线性段和指数上升段,在线性段区域,阳极电压很低,暗电流与阳极电压近似呈线性关系,变化关系近似符合欧姆定律。分析直线区域内的放电机理:阴极发射的电子受低电场作用加速后获得能量,当能量达到氙原子电离能时,电子将与氙原子产生碰撞电离,随着阳极电压增大,电子获得能量增大,电离原子数量增加,电离后的带电粒子增加,电流随之增大,因此直线区域中的主要物理过程是电子传导过程。在指数上升段,电子电离后产生氙离子和新的电子,阳极电压增大,电子继续在高场中获得能量后与原子碰撞电离,暗电流进一步增大,因此在该段区域内,暗电流室温升高趋势远大于直线段。当阳极电压大于临界值时,暗电流会迅速增大,发生电离雪崩过程,推力器点火成功。

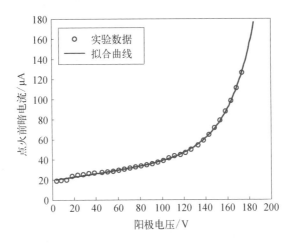

图6-2 点火前暗电流随阳极电压的变化情况

参考电子传导电流形成机理,电子在正交电磁场的环形通道内,在磁场作用下受到洛伦兹力而做霍尔漂移运动,同时在轴向电场作用下实现横越磁场的轴向运动,形成轴向传导电流。由于电子能量极低,这里只考虑经典传导电流,其理论公式如下:

$$J_e = \nu_{ne} m_e n_e \frac{E_z}{B^2} \tag{6-1}$$

式中,J_e 为电子传导电流密度,A/m^2;ν_{ne} 为电子与氙原子的碰撞频率,1/s;m_e 为电子质量,kg;n_e 为电子密度,1/m^3;E_z 为推力器通道内的轴向电场强度,V/m;B 为推力器通道内径向磁场强度,G。

由此可见,电子传导电流与轴向方向上的电场强度成正比,同一参数下,电子传导电流正比于阳极电压[1]。同时,由电子电离规律的理论公式可知,电子电离过程中,电子数量一般按指数规律增长。据此,对点火前的暗电流进行如下形式拟合:

$$I = ae^{bU} + cU + d \qquad (6-2)$$

式中,I 为点火前的暗电流,μA;U 为阳极电压,V;a、b、c、d 为拟合系数。

结合暗电流的形成物理过程及拟合函数形式,对拟合系数进行相关说明,指数拟合项与电离过程相关其中,其中 a 为边界系数,数值很小,表征推力器通道内自身原有的带电粒子在电磁场作用下产生的电流,受电磁场的影响。系数 b 表征电离系数,由汤生放电理论可知,电离系数与自由程内电子从电场获得的能量有关,能量大小与电场强度和通道内气压有关[2]。系数 c 表征电子传导电流,电子传导电流与电子和氙原子的碰撞频率、轴向电场强度及径向磁场有关。理论上来说,a、b、c 均会受到宏观放电参数的影响,随宏观放电参数的变化而变化。常数项 d 表示阳极电压为 0,推力器未点着时,阴极发射的电子因自身运动产生的初始电流值,其与阴极初始状态有关,不同实验工况下的阴极采用同一触持电压维持,可以认为 d 基本不变,在一定的范围内合理波动。

6.1.2 暗电流随励磁电流的变化特性

以推力器额定点火参数(阳极电压 260 V、阳极流量 42.8 sccm、励磁电流 3.4 A)下的实验数据为例,拟合系数分别为 $a=0.030\,2$、$b=0.043\,3$、$c=0.140\,1$、$d=18.266\,5$。如图 6-3 所示,拟合曲线值与实验数据的均方差仅为 0.05,即拟合曲线与实验数据吻合较好。

利用上述拟合公式,分别对比不同励磁电流和不同阳极流量下,暗电流与阳极电压的拟合关系,并比较拟合系数的变化趋势。由图 6-3 可知,当推力器的阳极流量保持为 42.8 sccm 不变时,对应于同一阳极电压,暗电流随励磁电流的增加而减小。利用公式拟合实验数据,得到相应的拟合系数,如表 6-1 所示,由表可知,励磁电流增大,即磁场强度增强时,拟合系数 a 和 c 逐渐减小,系数 b 逐渐增大,系数 d 的变化范围较小,可认为 d 基本不变。针对 a、b、c 的变化趋势,结合其物理意义进行合理的解释:电子在磁场增大时所受的磁场束缚作用增强,电子传导电流减小,因此 a 和 c 均减小;对于系数 b,b 表征电离系数,由正交电磁场下的等离子体击穿理论可知,磁场增加等效为正交电磁场区域的压力增大,即磁场增大时,通

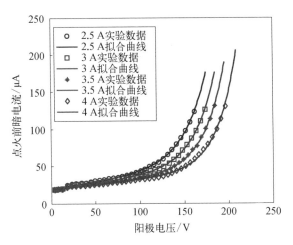

**图 6-3　点火前暗电流随励磁电流和
阳极电压的变化规律**

道内的压力增大,等效为气体密度增大,则电子与中性气体的碰撞概率增大,电离
率随之提高,即 b 增大。反之,b 随着励磁电流的降低而减小。

表 6-1　不同励磁电流下的拟合系数

拟合系数	2.5 A	3 A	3.4 A	4 A
a	0.150 6	0.065 0	0.030 2	0.011 0
b	0.038 6	0.041 1	0.043 3	0.045 9
c	0.174 6	0.153 4	0.140 1	0.127 1
d	19.451 9	19.261 7	18.266 5	18.656 6

6.1.3　暗电流随阳极流量的变化特性

推力器励磁电流为 3.4 A 时,在不同阳极流量下,点火前暗电流的变化趋势如
图 6-4 所示,由图可知,暗电流随阳极流量的增加而增大。利用公式拟合实验数
据,得到相应的拟合系数,如表 6-2 所示。

由表 6-2 可知,拟合系数 a 反比于阳极流量,而系数 b 和系数 c 都随着阳极流
量的增加而增大。这是因为,阳极流量增加时,通道内的中性气体密度增大,电子
与中性气体的碰撞概率增大,电离率提高,相应地,表征电子传导电流的系数 c 和
表征电离率的系数 b 随之增大。对于系数 a 的合理解释为,阳极流量增加时,通道
内的原子密度增加,相对于固定空间内,通道内原有的带电粒子数量减少,因此通

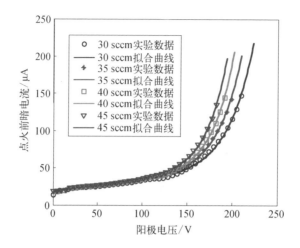

图 6-4 点火前暗电流随阳极流量的变化规律

道内自身带电离子因运动产生的电流变小,即系数 a 减小。针对初始微小电流,系数 d 的波动范围为 2.7%,在合理误差范围内。

表 6-2 不同阳极流量下的拟合系数

拟合系数	30 sccm	35 sccm	40 sccm	45 sccm
a	0.051 0	0.046 0	0.025 6	0.025 0
b	0.036 4	0.038 7	0.043 2	0.044 9
c	0.125 7	0.133 5	0.146 6	0.152 6
d	18.294 4	18.805 0	18.514 7	18.590 5

暗电流是电子雪崩的边界参数,其随宏观放电参数的变化规律从侧面反映了点火启动边界的影响因素及其变化规律。研究结果表明,在阳极流量较大、阳极电压较高、励磁电流较小的条件下,点火前的暗电流越大,其引发推力器点火成功的概率越高。

6.2 点火边界影响因素随机性分析

霍尔推力器的点火边界受到诸多因素的影响,理想情况下,霍尔推力器的点火参数(主要包括阴极点火参数和推力器点火参数)的输出值和设定值之间的差异为零。但是在实际的工作过程中,点火参数的输出值和设定值之间总是存在差异性,即推力器的点火参数存在输出不确定性,而这就有可能导致推力器的可靠点火边界存在随机性和不确定性,进而引发推力器在设定的点火参数下出现点火失效故障。因此,接下来对这些影响因素的随机性展开进一步分析。

1. 阴极流量和阳极流量的输出不确定性

Bang-Bang 电磁阀大量应用于空间电推进系统的压力调节模块中,实时地调节阴极和阳极流量的供给[3]。因此,这种调节压力波动所引发的阴极或阳极流量的输出不确定性是必然存在的。也就是说,推力器点火过程中,实际输出的阴极流量和阳极流量与设定值之间存在一定的差异性。对于阳极流量,按照确定的节流器参数,对额定入口压力波动情况下的流量调节范围进行了计算,这种输出不确定性为±2%~±5%。对于阴极流量,当环境温度在 10~30℃ 波动时,考虑额定缓冲罐压力和入口压力波动叠加后,这种输出不确定性为±10%。

2. 阳极电压、点火电压、励磁电流和加热电流的输出不确定性

对于空间应用的阳极电源和点火电源,无论其精度要求多么高,实际输出的电压值总是与设定值之间存在偏差,对于 kW 量级的霍尔推力器,这个输出不确定性约为±3%[4]。同样,励磁电流和加热电流的实际输出值与设定值之间也存在一定的差异,对于 kW 量级的霍尔推力器,输出不确定性一般为±5%。

通过前面的分析可知,霍尔推力器的点火过程主要包括三个阶段,每个阶段相互影响和制约,并且具有各自的点火边界。而这些点火边界又受到众多因素的影响,同时这些影响因素也具有随机性和不确定性,使得霍尔推力器的点火过程中存在随机性和不确定性,进而影响推力器的点火可靠度。因此,面向大规模在轨应用的需求前景,需要了解上述点火参数的输出不确定性对推力器点火边界的影响规律和影响程度,通过选取合理的点火参数来覆盖或抵消这些参数的随机性和不确定性对点火可靠度的影响,从而确保霍尔推力器安全、可靠地完成在轨点火。

6.3　点火裕度的概念

一款霍尔推力器完成工程优化设计之后,其点火边界通常也就固定了。霍尔推力器的点火过程受到诸多随机因素的影响,因此可能出现点火失效故障。为了保证推力器具有较高的点火可靠度,通常在选择点火参数时会尽可能地会留出一定的裕度,选择的点火参数称为实际点火参数或设计点火参数,而点火边界处的参数称为临界点火参数。将实际点火参数和临界点火参数的差值与临界点火参数的比值定义为点火裕度,具体关系如图 6-5 所示,点火裕度 K 的计算公式如下:

$$K = \frac{实际点火参数 - 临界点火参数}{临界点火参数} \tag{6-3}$$

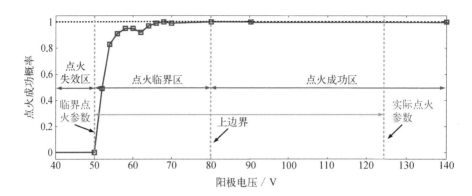

图 6 - 5   霍尔推力器点火裕度与点火成功概率关系示意图

从图 6 - 5 中可以看出,点火参数(这里表征为阳极电压)留出的裕度越大,实际点火参数与临界点火参数的距离也就越大,点火裕度 K 也相对越大,而且霍尔推力器在该实际参数下的点火成功概率也越高,推力器的点火可靠度也就越高。当实际点火参数低于此时的临界点火参数时,点火裕度 K 就会出现负值。此时,点火裕度 K 的绝对值越大,说明实际点火参数距临界点火参数越远,推力器点火成功的概率越低,甚至根本无法完成点火。当选择的实际点火参数足够大(超过点火参数反向不确定性所对应的临界点火参数)时,点火裕度的绝对值足够大,就可以应对点火参数带来的不确定性和随机性对推力器点火可靠度的影响。同时,此时计算出的点火裕度是在某一点火可靠度下的值,二者是一一对应的。

为了便于计算,工程上统一以临界阳极电压 $U_{临界}$ 来表征临界点火参数,以实际点火参数中的阳极电压 $U_{实际}$ 来对其进行表征,且其余点火参数都保持一致。如此,对于某一设计点火参数,点火可靠度为 R 时的点火裕度 K_R 可以表示为

$$K_R = \frac{U_{实际}\mid_{m_a, I_{coil}, m_c, I_h, U_i} - U_{临界}\mid_{m_a, I_{coil}, m_c, I_h, U_i}}{U_{临界}\mid_{m_a, I_{coil}, m_c, I_h, U_i}} \qquad (6-4)$$

式中,m_a 表示阳极流量;I_{coil} 表示励磁电流;m_c 表示阴极流量;I_h 表示阴极加热电流;U_i 表示点火电压。

6.4   点火参数及其不确定性对点火裕度的影响

6.4.1   点火参数变化对临界点火电压的影响

尽管影响霍尔推力器点火可靠度的因素众多,但是某些参数在地面已经进行了优化设计,在轨工作过程中也无法进行调节,如滤波回路单元元件参数等。因此,影响推力器点火可靠度的主要参数包括以下几个方面:阳极电压、阳极流量、

励磁电流、阴极加热电流和点火电压、阴极流量。如前所述,尽管采用在点火回路中添加限流电阻的办法可以有效降低阴极点火成功后所发射的电子参数的随机性,但是这种随机性总是存在的,无法彻底消除。

为了进一步降低阴极初始电子的随机性,同时模拟阴极点火成功的条件,本节采用阴极先点着并用触持极维持的方式,对推力器阳极供气和施加电压,直至推力器点火成功。因此,阴极点火之后影响推力器临界点火电压的因素主要包括阴极流量、触持极电流、阳极电压、阳极流量、励磁电流。而且,在实际应用过程中,推力器中的磁场强度通常也是保持为优化设置值,不会进行大范围的调节,避免因磁场强度改变而引发推力器工作模式转变,以及避免推力器熄火和放电电流大振荡等故障。只有当推力器在轨无法进行点火时,才会对其进行调节。因此,在轨可调节点火参数主要包括阴极流量、触持极电流和阳极流量。

为了分析阴极流量、触持极电流及阳极流量对推力器点火边界的影响情况,在一台 1 kW 量级霍尔推力器实验样机上测量了不同阳极流量、阴极流量和触持极电流下的推力器临界点火电压。在测量霍尔推力器临界点火电压的过程中,将阴极点着并采用触持极维持,阳极供给工质气体,采用控制变量法来改变阴极流量和触持极电流。利用程控可编程电源将阳极电压以 1 V/s 的速度从 0 V 逐渐增大到 600 V,随着阳极电压逐渐增大,霍尔推力器点火成功,此时 LabVIEW 控制平台会记下此时的阳极电压,作为霍尔推力器在该参数下的临界点火电压,然后改变阳极流量值,重复上述步骤。

不同工作参数下霍尔推力器的临界点火电压变化特性如图 6-6 所示,从图中可以看出,在阴极流量和触持极电流不变的情况下,临界点火电压随着阳极流量的增大而显著降低。以阴极触持电流为 3 A、阴极流量为 3 sccm 为例,在其余参数不变的情况下,当阳极流量从 35 sccm 增加到 60 sccm 时,推力器的临界点火电压从 537 V 降低到 330 V,下降了约 38.5%,降低效果远超过了阴极流量和触持极电流变化所产生的影响。此时,推力器的临界点火电压约为几百伏,高于部分点火实验中出现的几十伏,这主要与此时的阴极安装位置有关。另外,阴极出口的中心线与推力器的中轴线平行,阴极出口距离推力器通道出口较远,因此从阴极发射的电子在进入放电通道的过程中的运动距离较远,也导致推力器的临界点火电压较高。

霍尔推力器临界点火电压随阳极流量的变化情况如图 6-7 所示,从图 6-6 和图 6-7 中可以看出,除了阴极触持电流为 2.5 A、阴极流量为 6 sccm 的情况外,推力器的临界点火电压均随着阳极流量的降低而呈现出显著的线性降低关系。如图 6-7 所示,当阴极触持电流为 3 A、阴极流量为 3 sccm 时,拟合结果的斜率为 -7.914。

莫洛佐夫提出的一维稳态连续性方程可以用来表示霍尔推力器放电过程中的电离过程[5]:

$$v_a \frac{\mathrm{d}n_a}{\mathrm{d}z} = - n_e(z) n_a(z) \beta_{iz}(z) \tag{6-5}$$

$$v_i \frac{\mathrm{d}n_i}{\mathrm{d}z} = n_e(z) n_a(z) \beta_{iz}(z) \tag{6-6}$$

式中,v_i 和 v_a 分别表示离子和中性原子的速度;n_i 表示轴向离子密度;$n_a(z)$ 和 $n_e(z)$ 分别表示轴向原子和电子密度;$\beta_{iz}(z)$ 表示电离速率系数,与电子温度密切相关。

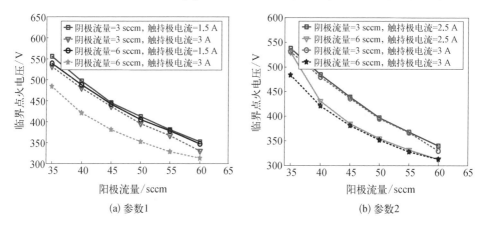

(a) 参数1   (b) 参数2

图 6 - 6   不同工作参数下的霍尔推力器的临界点火电压变化情况

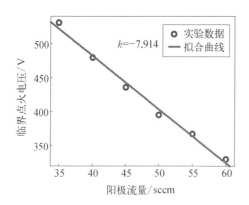

图 6 - 7   霍尔推力器临界点火电压随阳极流量的变化情况

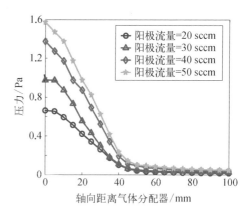

图 6 - 8   霍尔推力器通道内的压力随阳极流量的变化情况[6]

由式(6-5)和式(6-6)可知,当霍尔推力器的阳极流量增大时,放电通道内的氙原子密度不断增大,因此在点火瞬间,阴极所发射的电子和中性原子发生碰撞的频率显著增加,电离速率提高,导致电离强度增大,在这个过程中产生更多的电子和离子,促进霍尔推力器点火过程中的雪崩电离。kW 量级的霍尔推力器中,放电通道内的压力随阳极流量的变化曲线如图 6-8 所示[6]。从图 6-8 中可以看出,随着霍尔推力器阳极流量逐渐增大,放电通道内的轴向压力分布也逐渐增大。结合帕邢定律及气体击穿电压曲线可知,此时推力器的点火击穿电压值位于帕邢击穿曲线的左侧部分,即推力器的临界点火电压随着放电通道内气体压力的增加而逐渐降低。

阴极触持极电流为 1.5 A 或 3 A、阴极流量为 3 sccm 或 6 sccm 下的推力器临界点火电压如图 6-6(a)所示。从图 6-6(a)中可以看出,当阴极流量固定在 3 sccm 或 6 sccm 时,推力器的临界点火电压随着阴极触持极电流的增大而逐渐降低。并且在较高的阴极流量(6 sccm)下,推力器临界点火电压的降低效果更加明显,这是由于随着阴极触持极电流逐渐增大,在霍尔推力器点火瞬间发射出更多的电子[7],这些电子会进一步穿越磁力线进入放电通道内部。在这个过程中,这些电子会被轴向电场加速升温,从而产生了更多的高能电子,这会加速霍尔推力器点火过程中的工质雪崩电离过程。因此,当阴极触持极电流较大时,推力器的临界点火电压也相对较低。此外,当阴极流量更高(6 sccm)时,阴极所能发射的电子数量也更多,临界点火电压的降低效果也会更加明显。

阴极触持极电流为 2.5 A 或 3 A、阴极流量为 3 sccm 或 6 sccm 下的推力器临界点火电压如图 6-6(b)所示,从图中可以看出,当阴极触持极电流为 2.5 A 或 3 A 时,推力器的临界点火电压随着阴极流量的增大而降低。这是由于在较高的阴极流量下,阴极和霍尔推力器之间的耦合压降相对降低[8],在较低的耦合压降下,电子可以更加容易地从阴极运动到阳极。从而,在相对较低的耦合压降下,电子会更加容易地穿越推力器出口的磁力线,进入放电通道内部。因此,更多的电子可以在阴极和阳极之间的轴向电场获得达到氙原子电离阈值的能量来电离中性原子,促进霍尔推力器的点火过程,在较高的阴极流量下,推力器的临界点火电压也相对较低。

此外,从图 6-6(b)还可以看出,在其余参数不变的情况下,无论是将阴极流量从 3 sccm 增大到 6 sccm,还是将阴极触持极电流从 1.5 A 增大到 3 A,推力器的临界点火电压都会明显降低,最大降低值约为 72 V,产生这个现象的原因主要是增大阴极流量和触持极电流都显著增大了霍尔推力器点火瞬间阴极所发射的电子密度。

从上述实验结果可以看出,点火参数的改变对于推力器临界点火电压有着显著的影响。无论是增大阳极流量还是阴极触持极电流和阴极流量,都会降低推力器的临界点火电压,尤其是阳极流量和阴极流量同时增加时,推力器临界点火电压的降低的效果更加明显。其中,增大阳极流量主要是增加了点火启动前推力器放电通道内氙气中性原子的密度,进而增大了点火过程中阴极发射的电子与中性原子的碰撞频率,从而促进了推力器点火过程中的电子雪崩,因此推力器的临界点火电压呈现出显著降低的趋势。

文献[7]和[8]的研究结果表明,增大阴极流量和触持极电流都会提高阴极发射电子的能力。如此,更多的电子会沿着推力器出口附近的磁力线进入放电通道内部,推力器的点火过程也更加容易发生。由此可以推测出,增大阴极流量和触持极电流,导致点火瞬间阴极所发射电子的数量增加,因此推力器临界点火电压降低。但是,增大触持极电流和阴极流量都会导致阴极羽流区的等离子体参数(如电子密度和电子温度)发生改变,在这个过程中,主导因素是电子密度还是电子温度呢?

为了探究阴极不同点火参数下等离子体参数的变化情况,采用朗缪尔单探针测量阴极出口区域的电子密度和电子温度及等离子体电势(轴向距离阴极触持极出口 10~24 mm,径向距离阴极出口中轴线 10 mm 和 -10 mm)。阴极不同触持极电流和阴极流量下的电子密度云图如图 6-9 所示,从图中可以看出,在相同的阴极流量(3 sccm 或 6 sccm)下,随着阴极触持极电流从 1.5 A 增大到 3 A,阴极出口羽

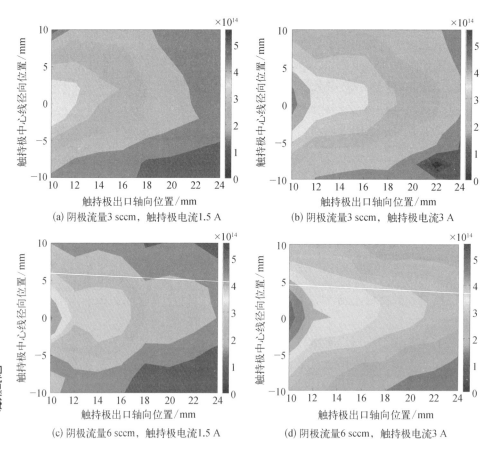

(a) 阴极流量3 sccm,触持极电流1.5 A   (b) 阴极流量3 sccm,触持极电流3 A

(c) 阴极流量6 sccm,触持极电流1.5 A   (d) 阴极流量6 sccm,触持极电流3 A

图 6-9 阴极不同触持极电流和阴极流量下的电子密度云图(单位:$1/cm^3$)

流区的电子密度显著增大,尤其是靠近阴极触持极出口的区域(10~12 mm)。Raitses 等的研究结果也表明,增大阴极触持极电流会提高阴极发射电子的能力[7]。从图 6-9(a)、(c)或图 6-9(b)、(d)可以看出,在相同的阴极触持极电流(1.5 A或 3 A)下,当阴极流量从 3 sccm 增大到 6 sccm 时,阴极出口羽流区的电子密度会显著增大。这是由于在阴极触持极电流不变的情况下,阴极流量的增加会导致阴极内部的气体压力显著上升,阴极发射体初始发射的电子可以与更多的氙原子发生碰撞[6]。阴极发射体区的离子密度增大,更多的离子会轰击发射体,从而产生更多的电子,进而增大了阴极羽流区的电子密度。

图 6-10 所示为阴极不同触持极电流和阴极流量下的等离子体电势云图,从图中可以看出,阴极触持极出口中轴线附近的等离子体电势是最低的,并且等离子体电势随着与阴极触持极出口距离的增加而增大,这个变化趋势和文献[9]中的结果是一致的。而且,在相同的阴极触持极电流下,阴极触持极出口羽流区的等离

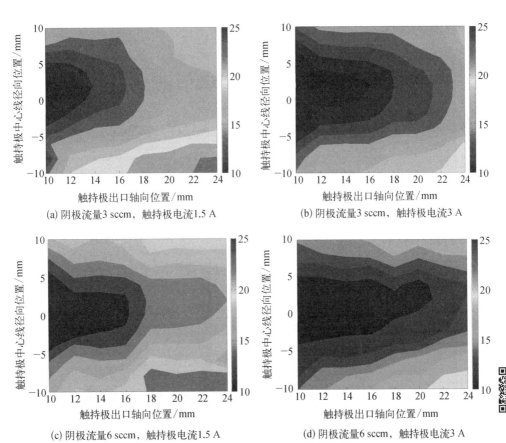

(a) 阴极流量3 sccm,触持极电流1.5 A　　　　(b) 阴极流量3 sccm,触持极电流3 A

(c) 阴极流量6 sccm,触持极电流1.5 A　　　　(d) 阴极流量6 sccm,触持极电流3 A

图 6-10　阴极不同触持极电流和阴极流量下的等离子体电势云图(单位: V)

子体电势随着阴极流量的增加而降低。阴极触持极电流或阴极流量增大后,导致阴极羽流区的电子密度增大,而电子密度增大后,阴极内部和羽流区的电阻降低,从而导致阴极羽流区的等离子体电势降低。尤其是当阴极触持极电流和阴极流量同时增大时,阴极出口羽流区的电子密度显著增大,从而导致阴极羽流区的等离子体电势的降低程度更加显著。阴极羽流区的等离子体电势变化特性与霍尔推力器实验中观察到的阴极和推力器之间的耦合压降变化相似,增大阴极流量会降低阴极羽流区的等离子体电势,从而导致阴极和阳极之间的耦合压降降低。

阴极不同触持极电流和阴极流量下的电子温度云图如图 6-11 所示,由图可知,阴极的电子温度与等离子体电势密切相关。当阴极出口区域的等离子体电势增大时,电子被加速,电子温度也随之上升,这个变化趋势和文献[10]和[11]中的结果是一致的。从图 6-11 可以看出,在相同的阴极流量(3 sccm 或 6 sccm)下,阴

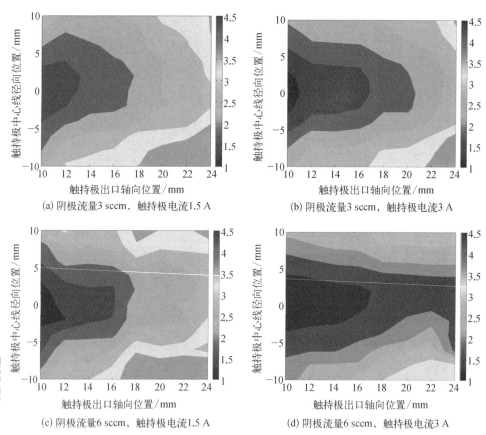

(a) 阴极流量3 sccm,触持极电流1.5 A

(b) 阴极流量3 sccm,触持极电流3 A

(c) 阴极流量6 sccm,触持极电流1.5 A

(d) 阴极流量6 sccm,触持极电流3 A

图 6-11   阴极不同触持极电流和阴极流量下的电子温度云图(单位: eV)

极羽流区的电子温度随着阴极触持极电流的增大而降低,尤其是在靠近阴极触持极出口区域。此外,从图6-11(a)、(c)或者图6-11(b)、(d)可以看出,在恒定的阴极触持极电流(1.5 A或3 A)下,当阴极流量从3 sccm增大到6 sccm时,阴极出口羽流区的电子温度会显著降低。

同时,从图6-9中可以看出,无论是增大阴极触持极电流或者阴极流量,阴极出口羽流区的电子密度都会显著增加,同时阴极发射体区和孔区的电子密度也会显著增大。大量的电子从孔区流入阴极羽流区的过程中,会在阴极顶孔区发生激烈的碰撞。当电子密度较高时,在这一过程中,电子的碰撞频率将增大,进而导致电子的能量损失增加。

同时,从图6-10中可以看出,随着阴极触持极电流或阴极流量增大,阴极出口羽流区的等离子体电势会降低。那么,当电子从孔区流到阴极羽流区的过程中所获得的能量也相对较低。Reid等的实验结果也表明,在其余参数不变的情况下,增大阴极流量会降低阴极出口羽流区的电子温度[12]。而且,与增大阴极触持极电流相比,增大阴极流量对阴极羽流区的电子温度产生的影响更显著。造成这一现象的主要原因是,与增大阴极触持极电流相比,增大阴极流量会使得点火瞬间阴极出口羽流区附近的电子密度增加得更多。因此,电子在向羽流区运动的过程中发生碰撞的频率更高,电子的能量损失更大,电子温度随之降低。

阴极不同触持极电流和阴极流量下推力器的临界点火电压实验结果表明,在其余参数不变的情况下,增大阴极触持极电流或阴极流量都会导致推力器临界点火电压显著降低,尤其是二者同时增大时的效果更明显。同时,增大阴极流量带来的推力器临界点火压降低的效果比增大阴极触持极电流时更加明显。阴极不同触持极电流和阴极流量下阴极出口羽流区的等离子体参数实验结果显示,增大阴极触持极电流或阴极流量都会导致阴极触持极附近羽流区的电子密度显著增加,同时使电子温度降低,尤其是二者同时增大时的效果更显著。同时。增大阴极流量带来的阴极出口羽流区电子密度的增加效果比增大阴极触持极电流时更加明显。

综上所述,增大阴极触持极电流和阴极流量导致霍尔推力器临界点火压降低的主要原因是显著增大了阴极触持极出口附近的电子密度,这个现象可以解释如下。第一,当阴极羽流区的电子密度增大时,霍尔推力器点火瞬间,推力器出口附近的磁力线可以束缚更多的电子,电子在进入推力器通道的过程中获取能量后就会形成更多的高能电子,这些高能电子与聚集在推力器出口和放电通道内的中性原子发生碰撞,从而促进工质原子雪崩电离过程。第二,阴极流量会影响霍尔推力器与阴极之间的耦合压降。当阴极流量增加,阴极出口羽流区的等离子体电势降低,从而使得阴极与推力器之间的耦合压降降低[13]。而耦合压降常被用来表征电子从阴极流向阳极的难易程度,当耦合压降较低时,霍尔推力器点火过程中阴极初始发射的电子可以相对容易地进入放电通道内部。

因此，当阴极触持极电流和阴极流量增大时，霍尔推力器可以在一个相对较低的临界点火电压下成功点火。尽管增大阴极触持极电流和阴极流量都会导致阴极出口羽流区的电子温度降低，但是阴极初始发射的电子温度通常较低，约为几个电子伏[13,14]，并且电子在进入放电通道的过程中会在阴极与阳极之间的轴向电场获得能量。综上，尽管增大阴极触持极电流和阴极流量会降低阴极所发射的电子温度，但是电子在轴向电场中获能，是其电离中性气体工质的主要能量来源，增大触持极电流和阴极流量导致的电子温度的降低对点火过程的影响较小。

6.4.2　阴极点火参数输出不确定性对点火裕度的影响

前面探究了推力器点火参数改变对临界点火电压的影响，当这些点火参数发生变化时，推力器的临界点火电压会发生明显的变化。而前面的分析表明，在推力器实际的工作过程中，其点火参数存在输出不确定性，尤其是通过压力调节的阴极流量和阳极流量。推力器点火参数的输出不确定性会影响推力器的临界点火电压，进而影响点火裕度，严重时甚至导致推力器产生点火故障，因此需要明确点火参数的输出不确定性对临界点火电压和点火裕度的影响规律。本节主要论述阴极点火参数输出不确定性对临界点火电压和点火裕度的影响，主要包括阴极流量输出不确定性和触持极电流输出不确定性两个方面。

1. 阴极流量输出不确定性对点火裕度的影响

为了讨论阴极流量输出不确定性对霍尔推力器点火裕度的影响，分别在不同的阳极流量下和励磁电流下通过实验研究了阴极流量的输出不确定性（分别为±5%、±10%、±15%）对临界点火电压的影响，如图 6-12 所示。测试过程中，阴极首先被点着，阴极额定设计流量为 3 sccm，采用 3 A 触持极电流维持放电。同时，

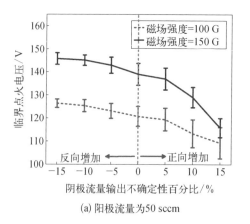
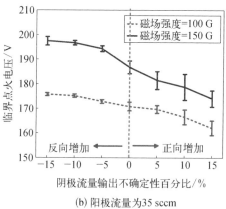

(a) 阳极流量为 50 sccm　　　　　(b) 阳极流量为 35 sccm

图 6-12　阴极流量输出不确定性对临界点火电压的影响

为了使所测量的临界点火电压更加准确,分别在每个参数下进行了多次点火实验。

从图 6-12 可以看出,在不同的磁场强度下,当阳极流量为 50 sccm 或 35 sccm 时,阴极流量输出的不确定性对于推力器的临界点火电压均有着显著影响。当阴极流量输出不确定性正向增加时,推力器的临界点火电压逐渐降低。当阴极流量输出不确定性反向增加时,推力器的临界点火电压逐渐升高。而且当阴极流量输出不确定性较大时(-15%或+15%),阴极流量输出不确定性正向增加对临界点火电压的影响效果更加明显。例如,在磁场强度为 150 G、阳极流量为 50 sccm 时,当阴极流量输出不确定性从 0 增至正向 15% 时,推力器的临界点火电压从 139 V 降低至 115.8 V,下降了约 16.69%;当阴极流量输出不确定性从 0 增加至反向 15% 时,推力器的临界点火电压从 139 V 升高至 145.7 V,提高了约 4.82%。在磁场强度为 100 G、阳极流量为 35 sccm 时,当阴极流量输出不确定性从 0 增至正向 15% 时,推力器的临界点火电压从 170.8 V 降低至 162.1 V,下降了约 5.09%;当阴极流量输出不确定性从 0 增至反向 15% 时,推力器的临界点火电压从 170.8 V 升高至 175.7 V,提高了约 2.87%。

结合 6.4.1 节的研究结果可知,推力器点火瞬间,从阴极引出的电子密度与阴极流量的输出不确定性密切相关。当阴极流量输出不确定性正向增大时,点火瞬间阴极所发射的电子密度也逐渐增大,更多的电子在轴向电场中获得能量,与聚集在放电通道出口区的氙原子产生碰撞电离,生成更多的离子和电子,进一步促进点火过程的发生。因此,霍尔推力器的临界点火电压随着阴极流量输出不确定性的正向增大而逐渐降低。反之,当阴极流量输出不确定性反向增大时,阴极在点火瞬间发射的电子密度显著减低,因此推力器的临界点火电压逐渐升高。

统计分析不同磁场强度下阳极流量分别为 50 sccm 和 35 sccm 时阴极流量输出不确定性对点火裕度的影响,如图 6-13 所示。从图中可以看出,点火裕度存在负值,说明该参数下的临界点火电压高于实际设定的点火电压,此时的点火裕度是不足的,推力器可能在设定的点火电压下出现点火失效的故障,需要上调点火电压,至少需要高于此时的临界点火电压,才能保证推力器成功点火。从图 6-13 可以看出,与阳极流量为 50 sccm 相比,当阳极流量为 35 sccm 时,磁场强度增大时,阴极流量输出不确定性对推力器点火裕度的影响效果更加明显。以阴极流量输出不确定性为-10%为例,阳极流量为 50 sccm 时,当磁场强度从 100 G 增加到 150 G 时,点火裕度从-0.037 变化至-0.042;而当阳极流量为 35 sccm 时,点火裕度从-0.025 变化至-0.051,此时设定的点火电压和临界点火电压之间的差值更大。由此可见,当阳极流量相对较低时,阴极流量输出不确定性对点火裕度的影响更加显著。

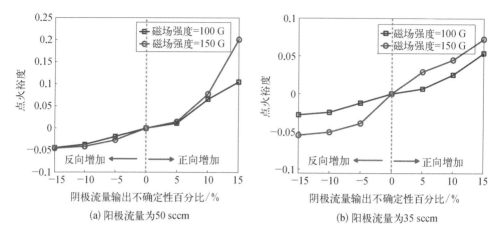

(a) 阳极流量为50 sccm　　　　　　　　(b) 阳极流量为35 sccm

图6-13　不同磁场强度下阴极流量输出不确定性对点火裕度的影响

综上,在不同的阳极流量下,点火裕度均随着磁场强度的增加而增大,尤其在阴极流量输出不确定性正向增大时。在霍尔推力器的放电过程中,磁场主要对电子起束缚作用,随着磁场强度的增加,点火瞬间阴极发射的电子在进入放电通道的过程中所受到的束缚作用会明显增强,电子的拉莫尔半径会明显减小,这就使得点火瞬间阴极所发射的电子在向放电通道运动的过程中在电场中单次传导获得的能量降低。低能电子增加后,促进电子和原子的碰撞激发,由于电子能量较低,大部分碰撞以激发为主,随后激发态原子会发生退激过程,能量进一步损失,导致电子温度进一步降低。Jameson 等的研究结果也表明,当阴极出口附近的磁场强度从0 G 增强到78 G 时,阴极出口附近的等离子体电势和电子温度会有所下降[14],如图6-14 所示。

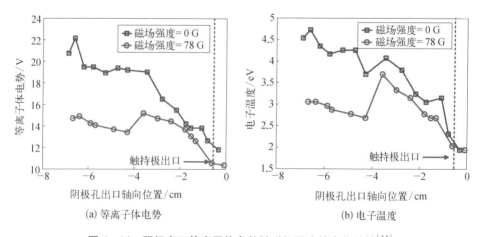

(a) 等离子体电势　　　　　　　　　　(b) 电子温度

图6-14　阴极出口等离子体参数随磁场强度的变化特性[14]

因此,在相同点火参数下,当磁场强度增强时,推力器的临界点火电压会更高,从而在阴极和阳极之间建立更高的电场强度,来弥补因磁场增强导致电子运动半径减小所带来的能量损失。而当电子能量更高时,更容易建立点火雪崩电离,此时的点火裕度也就相对更大。

2. 阴极触持极电流输出不确定性对点火裕度的影响

本小节主要分析阴极触持极电流输出不确定性对推力器点火裕度的影响,分别在不同的阳极流量和励磁电流下通过实验研究阴极触持极电流输出不确定性(分别为±5%、±10%、±15%)对临界点火电压的影响,结果如图6-15所示。从图中可以看出,当阳极流量为50 sccm时,阴极触持极电流输出的不确定性对推力器的临界点火电压有着显著的影响。当阴极触持极电流输出不确定性正向增加时,推力器的临界点火电压逐渐降低;当阴极触持极电流输出不确定性反向增加时,推力器的临界点火电压逐渐升高。

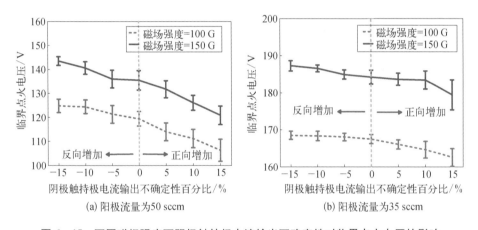

图6-15 不同磁场强度下阴极触持极电流输出不确定性对临界点火电压的影响

例如,在磁场强度为150 G、阳极流量为50 sccm时,当阴极触持极电流输出不确定性从0正向增加至15%时,推力器的临界点火电压从135.4 V降至120.8 V,下降了约10.78%;当阴极触持极电流输出不确定性从0反向增至15%时,推力器的临界点火电压从135.4 V升高至143.5 V,提高了约5.98%。当阳极流量为35 sccm时,尽管阴极触持极电流输出的不确定性对于推力器的临界点火电压仍然会产生一些影响,但是这种影响效果显著降低,只有当阴极触持极电流输出不确定性较大(-15%或+15%)时,才会对推力器的临界点火电压产生较为明显的影响。

统计分析在不同磁场强度下,阳极流量分别为50 sccm和35 sccm时阴极触持极电流输出不确定性对点火裕度的影响,如图6-16所示。从图6-16中可以看出,在其余工作参数不变的情况下,在相同的磁场强度下,当阳极流量较高时,阴极触持极电流输出不确定性对推力器点火裕度的影响效果也相对较大。在磁场强度为 100 G、阴极触持极电流输出不确定性为 15% 时,当阳极流量从 50 sccm 降低到 35 sccm 时,推力器的点火裕度从 0.123 降低至 0.03。同时从图 6-16 可以看出,在不同的磁场强度下,阴极触持极电流输出不确定性对点火裕度的影响没有明显规律。

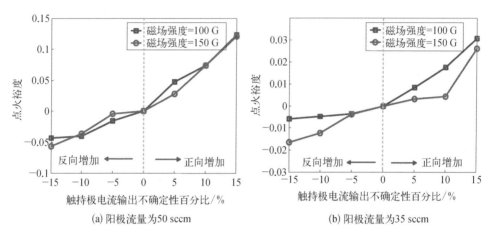

(a) 阳极流量为 50 sccm   (b) 阳极流量为 35 sccm

图 6-16   不同磁场强度下阴极触持极电流输出不确定性对点火裕度的影响

6.4.3   推力器点火参数输出不确定性对点火裕度的影响

1. 阳极流量输出不确定性对点火裕度的影响

除了阴极工作参数具有输出不确定性外,阳极流量和励磁电流在实际输出过程中也存在不确定性。因此,本小节针对阳极流量输出不确定性(分别为 ±2%、±5%、±10%)对临界点火电压的影响开展实验研究。阳极流量分别为 50 sccm 和 30 sccm 时,阳极流量输出不确定性对临界点火电压的影响规律分别如图 6-17(a) 和 (b) 所示。从图中可以看出,整体上来看,无论阳极流量为标准工况下的 50 sccm 还是为相对较低值 30 sccm,阳极流量的输出不确定性均会对推力器的临界点火电压产生显著的影响。当阳极流量的输出不确定性正向增加时,临界点火电压逐渐降低;当阳极流量的输出不确定性反向增加时,临界点火电压逐渐升高。

其次,统计了阳极流量为 50 sccm 和 30 sccm 时阳极流量输出不确定性对点火裕度的影响,结果如图 6-18 所示。从图中可以看出,当阳极流量的输出不确定性较小时(±2%),无论阳极流量为 50 sccm 还是 30 sccm,其对霍尔推力器的点火裕度的影响没有明显规律。当阳极流量的输出不确定性>±5% 时,不同阳极流量下的点火裕度会随阳极流量输出不确定性的变化而产生较大的变化。当阳极流量为 50 sccm 时,点火裕度随阳极流量输出不确定性的增加程度均要高于阳极流量为

30 sccm 时,而且增加程度会随着阳极流量正向或反向的输出不确定性的增大而增大。以阳极流量输出不确定性正向增加 10% 为例,点火裕度在阳极流量为 50 sccm 和 30 sccm 时分别为 0.188 和 0.075,这是由于当阳极流量较高时,阳极流量输出不确定性所引起的阳极流量变化也相对较大,因此对临界点火电压的影响效果也更加明显,点火裕度也相对较大。

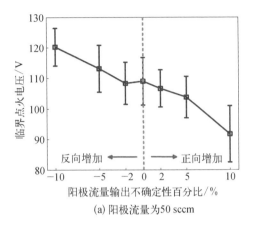
(a) 阳极流量为 50 sccm

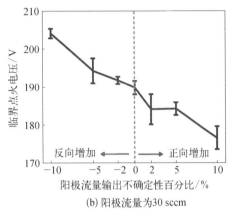
(b) 阳极流量为 30 sccm

图 6-17　阳极流量输出不确定性对临界点火电压的影响

最后,给出不同磁场强度下阳极流量输出不确定性对临界点火电压影响的差异性实验研究结果,其中阳极流量设定为 30 sccm,阳极流量输出不确定性分别为 ± 2%、± 5% 和 ± 10%,结果如图 6-19(a)所示。从图中可以看出,当磁场强度较高时,在相同点火参数下,霍尔推力器的临界点火电压也有所提高。为了对比不同磁场强度下阳极流量输出不确定性对临界点火电压的影响程度,对不同磁场强度下的临界点火电压进行线性拟合,如图 6-19(b)所示。其中,磁场

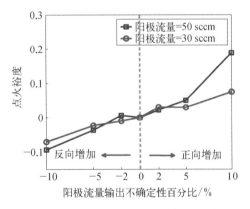

**图 6-18　不同阳极流量下阳极流量输出
不确定性对点火裕度的影响**

强度为 100 G 时的拟合斜率为 -1.4,磁场强度为 150 G 时的拟合斜率为 -2.01。由此可见,磁场强度越强,阳极流量输出不确定性对临界点火电压的影响效果也更加明显。

同时,统计不同磁场强度下点火裕度随阳极流量输出不确定性的变化情况,结果如图 6-20 所示。从图中可以看出,无论磁场强度为 100 G 还是 150 G,当阳极

流量的输出不确定性较小(±2%)时,其对于推力器的点火裕度的影响无明显规律。只有当阳极流量的输出不确定性大于±5%时,不同磁场强度下的点火裕度随阳极流量输出不确定性的变化才会产生较大幅度的波动。当磁场强度为150 G时,点火裕度随阳极流量输出不确定性增加的程度在整体上略高于磁场强度为100 G时。

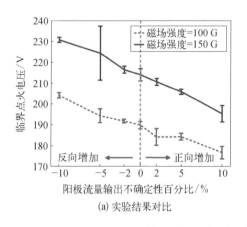

(a) 实验结果对比

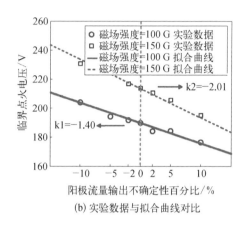

(b) 实验数据与拟合曲线对比

图 6-19　不同磁场强度下阳极流量输出不确定性对临界点火电压的影响

　　通过上述实验结果可知,推力器阳极流量的输出不确定性对推力器的临界点火电压和点火裕度有着较为显著的影响。阳极流量处于标准工况或为较低值时,阳极流量输出不确定<±5%时,其对于临界点火电压的影响程度较小。但是当阳极流量输出不确定性≥±5%以后,其对推力器的临界点火电压的影响较为显著。另外,当阳极流量的输出不确定性反向增加时,点火裕度也会反向增大,说明此时推力器实际的点火电压距离临界点火电压越来越远,推力器易出现点火失败的故障,在实际推力器设计和空间应用过程中需要引起注意。

　　2. 励磁电流输出不确定性对点火裕度的影响

　　本小节主要分析励磁电流的输出不确定性对推力器点火裕度的影响。分别在两组不同的阳极流量(分别为45 sccm和30 sccm)下通过实验研究了励磁电流输出的不确定性对临界点火电压的影响,如图6-21所示。实验过程中,为了更加便捷和准确地调节励磁电流的输出,采用内、外和附加励磁线圈串联的形

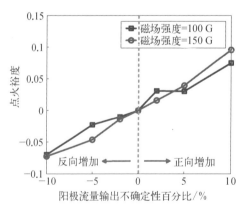

图 6-20　不同磁场强度下点火裕度随阳极流量输出不确定性的变化情况

式,这也是霍尔推力器在轨应用过程中经常采用的励磁连接方式。

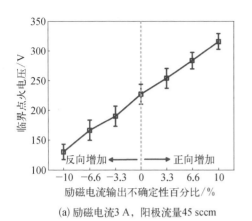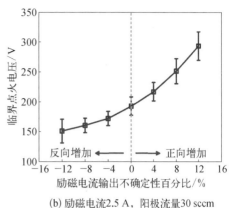

(a) 励磁电流3 A,阳极流量45 sccm　　　(b) 励磁电流2.5 A,阳极流量30 sccm

图 6 - 21　励磁电流输出不确定性对临界点火电压的影响

从图 6 - 21 中可以看出,无论阳极流量为 45 sccm 还是 30 sccm,励磁电流输出的不确定性都会对推力器的临界点火电压产生显著的影响。当励磁电流输出不确定性反向增加时,推力器临界点火电压随着励磁电流输出不确定性的增大而显著减小;当励磁电流输出不确定性正向增加时,临界点火电压随着励磁电流输出不确定性的增大而显著增加;尤其是励磁电流输出不确定性较大时,这种效果会更加明显。以阳极流量为 45 sccm、励磁电流标准值为 3 A 为例,当励磁电流输出不确定性从 0 正向增加至 10%时,推力器临界点火电压从 227.1 V 升高至 315.8 V,提升了约 39.06%;当励磁电流输出不确定性从 0 反向增至 10%时,推力器临界点火电压从 227.1 V 降至 130.3 V,降低了约 42.62%。

由霍尔推力器的设计原理可知,励磁线圈的设计主要是为了配合磁极产生推力器工作的最优磁场,而磁场的主要作用是束缚电子,从而形成稳定的霍尔漂移和加速电场。当霍尔推力器的励磁电流输出不确定性逐渐正向增大时,推力器出口和放电通道内的磁场会逐渐增强,点火瞬间阴极所发射的电子受到的束缚作用也会逐渐增强。那么,在霍尔推力器点火过程中,电子就需要获得更高的能量来突破磁场的束缚作用。因此,当励磁电流输出不确定性逐渐正向增大时,推力器的临界点火电压也会逐渐升高。此时,轴向电场强度也会逐渐增强,从阴极引出的电子在其中获得的能量就会逐渐增大。

统计励磁电流输出不确定性对点火裕度的影响,结果如图 6 - 22 所示。从图中可以看出,点火裕度对励磁电流的输出不确定性的变化十分敏感。即使励磁电流的输出不确定性仅为标准值的±3.3%,即与标准值仅相差±0.1 A,点火裕度最大变化值也达到 0.194。因此,当推力器在轨点火时,要保证励磁电流输出不确定性尽可能小,从而在最大限度上降低对推力器临界点火电压和点火裕度的影响,保证

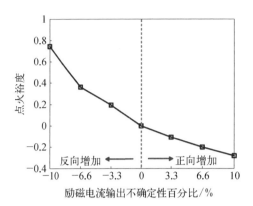

图 6-22   励磁电流输出不确定性
对点火裕度的影响

推力器能够在预先设定的临界点火电压和点火裕度下可靠点火。

综合上述研究结果可知,由于霍尔推力器的在轨点火参数(阴极点火参数和推力器点火参数)存在输出不确定性,推力器的点火边界和点火裕度在预先设定的点火参数下出现了一定的变化,进而可能会出现推力器在轨点火失效故障,阳极流量和励磁电流的输出不确定性对霍尔推力器的点火边界和点火裕度的影响尤为明显。因此,确定一款霍尔推力器工程样机的参数输入时,应尽可能地控制这两个点火参数的输出不确定性,并通过设置合理的点火参数来应对参数的不确定性,从而保证霍尔推力器安全可靠地完成在轨点火。

参考文献

[1] 李鸿.霍尔推力器寿命周期内电子近壁传导特性研究[D].哈尔滨:哈尔滨工业大学,2011.

[2] 徐学基.气体放电物理[M].上海:复旦大学出版社,1996.

[3] 王立君,柳珊,唐妹芳.一种新型 Bang-Bang 电磁阀的研制[J].火箭推进,2019,45(1):48-52.

[4] 北京控制工程研究所.航天电推进系统规范:QW 1647—2020[S].北京:中国空间技术研究院,2020.

[5] Kadomtsev B B, Shafranov V D. Fundamentals of stationary plasma thruster theory[J]. Reviews of Plasma Physics, 2000, 21(2): 203-391.

[6] 杨子怡.霍尔推力器点火启动过程实验研究[D].哈尔滨:哈尔滨工业大学,2015.

[7] Raitses Y, Smirnov A, Fisch N J. Effects of enhanced cathode electron emission on Hall thruster operation[J]. Physics of Plasmas, 2009, 16(5): 057106.

[8] Goebel D M, Jameson K K, Hofer R R. Hall thruster cathode flow impact on coupling voltage and cathode life[J]. Journal of Propulsion and Power, 2012, 28(2): 355-363.

[9] Jameson K K, Goebel D M, Watkins R M. Hollow cathode and thruster discharge chamber plasma measurements[C]. Princeton: 29th International Electric Propulsion Conference, 2005.

[10] Katz I, Mikellides I G, Geobel D M. Model of the plasma potential distribution in the plume of a Hollow cathode [C]. Fort Lauderdale: 40th AIAA/ASME/SAE/ASEE Joint Propulsion Conference, 2004.

[11] Jameson K K, Geobel D M, MiKellides I, et al. Local neutral density and plasma parameter measurements in a hollow cathode plume[C]. Sacramento: 42nd AIAA/ASME/SAE/ASEE Joint Propulsion Conference, 2006.

[12] Reid B M, Gallimore A D. Langmuir probe measurements in the discharge channel of a 6-kW Hall thruster[C]. Hartford: 44th AIAA/ASME/SAE/ASEE Joint Propulsion Conference and Exhibit, 2008.

[13] Mikellides I G, Katz I, Goebel D M, et al. Hollow cathode theory and experiment. Ⅱ. A two-dimensional theoretical model of the emitter region[J]. Journal of Applied Physics, 2005, 98 (11): 1 - 14.

[14] Jameson K K, Goebel D M, Watkins R M. Hollow cathode and keeper-region plasma measurements[C]. Tucson: 41st AIAA/ASME/SAE/ASEE Joint Propulsion Conference and Exhibit, 2005.

第7章

霍尔推力器点火可靠度实验评估方法

为了保证推力器可靠地完成在轨点火,工程中设置的点火参数,如点火电压、阳极流量等往往具有较大的裕度,导致实际点火参数远高出点火边界,但是当推力器的阳极电压和阳极流量等参数较大时,所产生的点火冲击电流峰值也随之增大,这会对整个卫星平台造成显著的影响。因此,合理地设置满足要求的点火参数显得至关重要。而且,推力器在轨点火参数存在输出不确定性问题,那么当设置在轨点火参数时,首先,所设置的实际点火电压和点火裕度至少要高于当这些点火参数的不确定性都达到设定的反向最大值(励磁电流达到正向输出不确定性最大值)时所对应的临界点火电压和点火裕度。其次,一款推力器要进行空间在轨应用时,不仅要求其能完成在轨点火,而且需要明确其完成点火的可靠度,即点火可靠性指标。

综上,需要评估所选择的点火参数能否满足推力器的点火可靠性指标,而目前主要应用霍尔推力器的点火可靠性评估来分析阴极组件及推力器的工作寿命,推力器在轨点火主要依赖于地面工程经验,国内外尚没有提出或建立关于推力器点火可靠度的评估方法。因此,本章主要针对上述相关内容展开讨论。

7.1 点火可靠度理论基础

在介绍霍尔推力器的点火可靠度实验评估方法之前,首先介绍可靠性评估过程中的基本知识,主要包括可靠度和失效度等一些基本概念,以及可靠性工程中的一些常用分布和模型等。

7.1.1 可靠性的定义

可靠性是产品的固有属性,指产品在规定时间和规定条件下完成规定功能的能力[1]。其中,规定条件可以是工作条件,也可以是环境条件、维护操作条件等。规定功能通常指产品预期或设计达到的产品用途。一般来说,某一产品的使用时间越长,其可靠性就会逐步降低。当产品丧失其规定的功能时,就可以认为产品失效,而且当规定产品要达到的功能不同时,产品的可靠性也是不同的。以汽车发动机为例,汽车一次点火能够立即启动的可靠性和两次点火完成启动的可靠性是有显著差异的,因此在评估产品可靠性的过程中,需要对产品的规定功能设定一个量化标准。

根据可靠性的基本定义,可以将霍尔推力器点火可靠性定义为在规定的点火参数和时间内实现规定点火指标的能力,即针对一个固定构型的霍尔推力器,设置典型的点火参数后,在规定的点火时间内(如发出点火指令 2 min 以内),推力器点火成功概率高于某一值(如 0.95)的能力。当然,所要求的推力器点火指标发生变化时,点火可靠度也会随之发生变化。为了便于研究,本书中统一以固定点火参数下的点火成功概率来表征推力器的点火可靠度,固定点火参数下的点火成功概率越高,推力器的点火可靠度也就越高。

7.1.2　可靠度函数

可靠度是一个数学概率,霍尔推力器点火可靠度指在一定时间内和一定点火参数下无故障地完成点火功能的概率,通常用 R(reliability)表示。霍尔推力器的点火可靠度是与时间紧密关联的,会随着工作时间而发生变化,因此 R 是时间 t 的函数,即 $R = R(t)$。如果规定霍尔推力器开始工作到发生失效时间的随机变量为 T,那么在某一时刻 t,霍尔推力器的点火可靠度可以表示为

$$R(t) = P(T > t), \quad t \geqslant 0 \tag{7-1}$$

霍尔推力器的点火可靠度初始为 1,随着工作时间变长,其可靠性会逐渐降低。

可靠度也可以用频率来估计[1],假设在一个规定的点火参数下进行 n 次点火测试。在时间 $(t - \Delta t, t)$ 内,有 $n_f(t)$ 次点火失效,$n_s(t)$ 次可以正常点火 $[n_f(t) + n_s(t) = n]$。那么霍尔推力器的点火可靠度表示为正常点火的累计概率函数,t 时刻的可靠度函数如式(7-2)所示:

$$R(t) = \frac{n_s(t)}{n_s(t) + n_f(t)} = \frac{n_f(t)}{n} \tag{7-2}$$

7.1.3　累积失效概率函数

累积失效概率函数 $F(t)$ 与可靠度函数是对应的关系[1],表示霍尔推力器在规定条件和规定时间内不能完成点火功能的概率,是霍尔推力器点火可靠度的补集,二者都可以用来描述霍尔推力器的点火可靠度,霍尔推力器的点火累积失效概率越低,说明其点火可靠度越高。霍尔推力器的点火累积失效概率如式(7-3)所示:

$$F(t) = 1 - R(t) = P(T \le t), \quad t \ge 0 \tag{7-3}$$

如果假设失效时间 T 的概率密度函数为 $f(t)$,那么式(7-3)可以写为

$$F(t) = 1 - R(t) = \int_0^t f(\zeta)\,\mathrm{d}\zeta \tag{7-4}$$

霍尔推力器没有工作时,其点火累积失效概率为 0,随着霍尔推力器工作寿命逐渐增长,最终推力器的点火累积失效概率会趋近于 1。

7.1.4　失效概率密度函数

由式(7-4)可知,霍尔推力器点火可靠度函数可以表示为

$$R(t) = 1 - F(t) = 1 - \int_0^t f(\zeta)\,\mathrm{d}\zeta \tag{7-5}$$

将式(7-5)对时间求导,得到

$$\frac{\mathrm{d}R(t)}{\mathrm{d}t} = -f(t) \tag{7-6}$$

在区间 $[t_1, t_2]$ 内定义点火失效率:在此区间发生点火失效的概率,并且在 t_1 之前没有发生失效,点火失效率可以表示为

$$\frac{R(t_1) - R(t_2)}{(t_2 - t_1)R(t_1)} \tag{7-7}$$

如果用 t 代表 t_1,用 $t + \Delta t$ 代替 t_2,那么式(7-7)可以写为

$$\frac{R(t) - R(t + \Delta t)}{(\Delta t)R(t)} \tag{7-8}$$

点火失效率概率密度函数 $h(t)$ 定义为当 Δt 趋近于 0 时的点火失效率极限,可表示为

$$h(t) = \lim_{\Delta t \to 0} \frac{R(t) - R(t + \Delta t)}{(\Delta t)R(t)} = \frac{1}{R(t)}\left[-\frac{\mathrm{d}}{\mathrm{d}t}R(t)\right] \tag{7-9}$$

联合式(7-6)和式(7-9)可知,霍尔推力器点火失效率概率密度函数可表示为

$$h(t) = \frac{f(t)}{R(t)} \tag{7-10}$$

7.1.5　置信度和可靠度

在计算霍尔推力器点火可靠度的过程中,可能会出现某一点火参数下多次点

火(上万次)均成功的情况,此时需要耗费非常高的时间和经济成本,而且继续进行点火也很难发现点火失效的情况,这时需要知道某一置信度下的点火可靠度,即在此需要引入置信度的概念。

置信度,又称为置信水平或者置信概率,用来表示当采用样本指标估计总体指标时会存在多大的误差,或者说所期望的误差不超过某一参数的可靠度有多大[2]。在概率论与数理统计中,常用区间估计来描述这一类问题,它包含两部分内容:第一是这一可能范围的大小;第二是总体指标落在这个范围内的概率。其中,表示总体指标落在这个范围内的概率称为置信度。

在参数的区间估计中,对于选定的 $\alpha(0<\alpha<1)$,如果未知参数 θ 和由样本确定的两个统计量 $\theta_1(X_1, X_2, \cdots, X_n)$ 和 $\theta_2(X_1, X_2, \cdots, X_n)$ 的关系满足如下公式:

$$P[\theta_1(X_1, X_2, \cdots, X_n)] < \theta < P[\theta_2(X_1, X_2, \cdots, X_n)] = 1 - \alpha \qquad (7-11)$$

那么此时 (θ_1, θ_2) 称为参数 θ 的置信区间,置信区间的置信度为 $1-\alpha$,参数 θ 的置信上限和置信下限分别为 θ_2 和 θ_1 。其中, α 称为显著性水平,为查表方便, α 通常取 0.1、0.05、0.01。

7.2　可靠性工程中重要的随机变量分布

在数理统计[3]中,如果把实验中观察到的现象用 X 来表示,且随着实验的重复, X 可以取不同的值,并且无法对其在每次实验中的取值事先进行准确估计, X 具有随机性, X 称为随机变量。引入随机变量以后,随机事件就可以用随机变量来描述了。在随机变量中,有些随机变量的取值是有限个(如 n 次打靶中的中靶次数),有些随机变量的取值是可列无穷多个(如交换台接到的呼叫次数),这两种随机变量统称离散型随机变量。类似灯泡寿命和零件长度这样的随机变量,其取值可以连续地充满一个区间,将这类变量称为连续型随机变量。离散型随机变量和连续型随机变量是两种主要的随机变量,当然有些随机变量是这两类随机变量的组合,本书不作介绍。下面重点介绍常见的离散型随机变量和连续性随机变量的分布,了解这些知识有助于更好地理解和计算霍尔推力器的点火可靠度。

7.2.1　离散型随机变量的分布

重要离散型随机变量的分布主要包括0-1分布(又称为伯努利分布、两点分布)、二项分布、泊松分布、超几何分布、几何分布,下面首先介绍分布列的基本知识。只能取有限个值或可列无穷多个值的随机变量 X 称为离散型随机变量,设 X 的所有可能取的值为 $x_1, x_2, \cdots, x_k$。

若设事件 x_k 的概率为 p_k ,即

$$P(X = x_k) = p_k, \quad k = 1, 2, \cdots, n \qquad (7-12)$$

式(7-12)是离散型随机变量 X 的概率分布,简称分布列,又称为分布律,可用表格形式表示,如表 7-1 所示。

表 7-1　离散型随机变量 X 的分布列

X	x_1	x_2	$\cdots$	x_k	$\cdots$
P	p_1	p_2	$\cdots$	p_k	$\cdots$

由概率的基本性质可知:

$$p_k \geqslant 0, \quad k = 1, 2, \cdots, n \qquad (7-13)$$

$$\sum_k p_k = 1 \qquad (7-14)$$

下面介绍几种常见的分布列。

1. 0-1 分布(伯努利分布、两点分布)

若随机变量 X 只能取 0 和 1 两个值,则称为 0-1 分布,分布列为

$$P(X = 1) = p, \quad P(X = 0) = 1 - p = q, \quad 0 < p < 1 \qquad (7-15)$$

以表格的形式来表示,如表 7-2 所示。

表 7-2　0-1 分布的分布列

X	0	1
P	$1-p$	p

则称 X 服从 0-1 分布或伯努利分布,也称两点分布,记为 $X \sim B(1, p)$,伯努利实验可用 0-1 分布来描述。

2. 二项分布

若随机变量 X 的分布列如下:

$$\begin{cases} P(X = k) = C_n^k p^k q^{n-k} \\ k = 0, 1, 2, \cdots, n \\ 0 < p < 1, \quad q = 1 - p \end{cases} \qquad (7-16)$$

则称 X 服从二项分布(参数为 n, p),常用记号 $X \sim B(n, p)$ 表示。

特别地, $n=1$ 时,二项分布即为 0-1 分布:

$$P(X = k) = p^k q^{1-k}, \quad k = 0, 1 \qquad (7-17)$$

3. 泊松分布

若随机变量 X 的分布列为

$$P(X = k) = \frac{\lambda^k e^{-\lambda}}{k!}, \quad \lambda > 0, \quad k = 0, 1, 2, \cdots, n \qquad (7-18)$$

则称 X 服从参数为 λ 的泊松分布,并用记号 $X \sim P(\lambda)$ 表示。

由式(7-16)可知, $P(X = k) \geqslant 0$, $k = 0, 1, 2, \cdots, n$, 且有

$$\sum_{k=0}^{\infty} P(X = k) = \sum_{k=0}^{\infty} \frac{\lambda^k e^{-\lambda}}{k!} = e^{-\lambda} \sum_{k=0}^{\infty} \frac{\lambda^k}{k!} = e^{-\lambda} e^{\lambda} = 1 \qquad (7-19)$$

因此,泊松分布 $P(\lambda)$ 满足分布列的性质,当 n 很大、p 很小时,以 n, p 为参数的二项分布,近似于 $\lambda = np$ 的泊松分布。

4. 超几何分布

设有 N 件商品、M 件次品,从中任取 n 件不同商品,这 n 件中所含的次品数 X 是一随机变量,即

$$P(X = k) = \frac{C_M^k C_{N-M}^{n-k}}{C_N^n}, \quad k = 0, 1, \cdots, l \qquad (7-20)$$

式中, $l = \min(M, n)$, 当 $i > m$, $C_m^i = 0$, 这种概率分布称为超几何分布。

设在超几何分布中, n 是一个取定的正整数,而

$$\lim_{N \to \infty} \frac{M}{N} = p, \quad 0 < p < 1 \qquad (7-21)$$

则

$$\lim_{N \to \infty} \frac{C_M^k C_{N-M}^{n-k}}{C_N^n} = C_n^k p^k (1 - p)^{n-k}, \quad k = 0, 1, \cdots, n \qquad (7-22)$$

对于固定的 $n \geqslant 1$, 当 N 充分大时,有

$$\frac{C_M^k C_{N-M}^{n-k}}{C_N^n} \approx C_n^k \left(\frac{M}{N}\right)^k \left(1 - \frac{M}{N}\right)^{n-k}$$

$$k = 0, 1, \cdots, \min(M, n) \qquad (7-23)$$

5. 几何分布

设在伯努利实验中,每次实验成功的概率均为 $p(0<p<1)$,独立进行重复实验,直到出现首次成功为止,若设 X 为所需实验次数,则 X 为一离散型随机变量,其可能取值为 $1,2,\cdots,k$。

$\{X=k\}$ 相当于"第一次实验不成功,$\cdots$,第 $k-1$ 次实验不成功,第 k 次实验成功"。由于实验是独立进行的,而每次实验成功的概率为 p,不成功的概率为 $q=1-p$,X 的分布列为

$$P(X=k) = q^{k-1}p, \quad k = 1, 2, \cdots, n \tag{7-24}$$

这个概率分布称为几何分布。

7.2.2　连续型随机变量的分布

重要连续型随机变量的分布主要包括均匀分布、指数分布、正态分布,在此之前首先介绍连续型随机变量的基本定义。设 $F(x)$ 是随机变量 X 的分布函数,若存在一个非负的函数 $f(x)$,对任意实数 x,有

$$F(x) = \int_{-\infty}^{x} f(t)\,\mathrm{d}t \tag{7-25}$$

则称 X 为连续型随机变量,同时称 $f(x)$ 为 X 的概率密度函数,简称概率密度。

概率密度 $f(x)$ 具有如下的性质:

$$f(x) \geqslant 0 \tag{7-26}$$

$$\int_{-\infty}^{+\infty} f(x)\,\mathrm{d}x = 1 \tag{7-27}$$

$$P(x_1 < X \leqslant x_2) = F(x_2) - F(x_1) = \int_{x_1}^{x_2} f(x)\,\mathrm{d}x \tag{7-28}$$

下面介绍几种重要的连续型随机变量。

1. 均匀分布

设连续型随机变量 X 的概率密度为

$$f(x) = \begin{cases} \dfrac{1}{b-a}, & a \leqslant x \leqslant b, \ a < b \\ 0, & \text{其他} \end{cases} \tag{7-29}$$

则称 X 在区间 $[a,b]$ 上服从均匀分布,记为 $X \sim U[a, b]$。

相应的分布函数为

$$F(x) = \begin{cases} 0, & x < a \\ \dfrac{x-a}{b-a}, & a \leqslant x < b \\ 1, & x \geqslant b \end{cases} \tag{7-30}$$

若 $X \sim U[a, b]$，(x_1, x_2) 为 $[a, b]$ 中的任一子区间，则

$$P(x_1 < X \leqslant x_2) = \int_{x_1}^{x_2} \frac{1}{b-a} \mathrm{d}x = \frac{1}{b-a}, \quad x_2 = x_1 \tag{7-31}$$

X 落在子区间上的概率与子区间的长度成正比，而与子区间的位置无关，属于几何概率，故 X 落在长度相等的各个子区间的可能性是相等的。

2. 指数分布

若连续型随机变量 X 的概率密度为

$$f(x) = \begin{cases} 0, & x \leqslant 0 \\ \lambda \mathrm{e}^{-\lambda x}, & x > 0 \end{cases} \tag{7-32}$$

式中，λ 是正常数，则称 X 服从参数为 λ 的指数分布。

分布函数为

$$F(x) = \begin{cases} 0, & x \leqslant 0 \\ 1 - \mathrm{e}^{-\lambda x}, & x > 0 \end{cases} \tag{7-33}$$

3. 正态分布

连续型随机变量中，最重要的分布是正态分布，也称高斯(Gauss)分布。若连续型随机变量 X 的概率密度为

$$f(x) = \frac{1}{\sigma\sqrt{2\pi}} \mathrm{e}^{\frac{(x-\mu)^2}{2\sigma^2}}, \quad -\infty < x < +\infty \tag{7-34}$$

式中，μ、σ 为常数，且 $\sigma > 0$，则称 X 服从参数为 μ、σ 的正态分布，X 称为正态变量，记作 $X \sim N(\mu, \sigma^2)$。

当 $x = \mu$ 时，$f(x)$ 取最大值，$f(x)$ 的曲线关于 $x = \mu$ 对称，在 $x = \mu \pm \sigma$ 处有拐点，当 $x \to \pm\infty$ 时，曲线以 x 轴为渐近线。

当固定 σ 值而改变 μ 值时，$f(x)$ 的图形将随着 μ 值的增大而沿着 x 轴向右平移，且不改变其形状；当固定 μ 值而改变 σ 值时，$f(x)$ 的图形将随着 σ 值的减小而变得陡峭，且对称中心不变，X 的分布函数为

$$F(x) = \frac{1}{\sigma\sqrt{2\pi}} \int_{-\infty}^{x} \mathrm{e}^{\frac{(t-\mu)^2}{2\sigma^2}} \mathrm{d}t \tag{7-35}$$

若正态分布 $N(\mu, \sigma^2)$ 中的参数 μ、σ 分别为 0、1 时,则得到 $N(0, 1)$,称为标准正态分布,对应的概率密度与分布函数分别用 $\varphi(x)$ 与 $\Phi(x)$ 来表示,即

$$\varphi(x) = \frac{1}{\sqrt{2\pi}} \mathrm{e}^{-\frac{x^2}{2}}, \quad -\infty < x < \infty \quad\quad (7-36)$$

$$\Phi(x) = \frac{1}{\sqrt{2\pi}} \int_{-\infty}^{x} \mathrm{e}^{-\frac{t^2}{2}} \mathrm{d}t, \quad -\infty < x < +\infty \quad\quad (7-37)$$

一般的正态分布 $N(\mu, \sigma^2)$ 的分布函数 $f(x)$ 与标准正态分布的分布函数 $\varphi(x)$ 有以下关系:

$$F(x) = \Phi\left(\frac{x-\mu}{\sigma}\right) \quad\quad (7-38)$$

对于随机变量 $X \sim N(\mu, \sigma^2)$,可得以下结果:

$$P(x_1 < X \le x_2) = F(x_2) - F(x_1) = \Phi\left(\frac{x_2-\mu}{\sigma}\right) - \Phi\left(\frac{x_1-\mu}{\sigma}\right) \quad (7-39)$$

式中,$x_1 < x_2$,是任意两个实数。

7.3　点火可靠度计算方法及其置信区间估计

7.3.1　推力器点火过程的概率分布

实验结果表明,霍尔推力器的点火过程受到众多因素的影响,具有很强的随机性,可以在统计分析中作为随机变量来处理,并且在霍尔推力器点火过程,随机变量 X 的取值是有限的(两种情况,即点火成功或点火失败),那么 X 就是一个离散型随机变量。为了评估霍尔推力器的点火可靠度,就需要掌握霍尔推力器点火过程中离散型随机变量的变化规律,了解其可能的取值及相应的概率。若设事件霍尔推力器点火过程 "$X = x_k$" 的概率为 p_k,即

$$P(X = x_k) = p_k, \quad k = 0, 1 \quad\quad (7-40)$$

因此,通过式(7-40)对离散型随机变量霍尔推力器点火过程中 X 取值的概率规律进行了完整描述,又称为霍尔推力器点火过程的概率分布列。

离散型随机变量有很多种常见的概率分布,但是霍尔推力器点火过程所服从的概率分布是未知的。因此,首先对某一参数下的霍尔推力器点火过程进行分析。例如,在某一给定点火参数下重复进行 n 次点火实验,并假设每两次之间的点火结果互不影响,即每次点火结果出现的概率与其他实验结果无关。由实验可知,点火

实验只可能有两个结果,即点火成功 A 和点火失败 $\bar{A}$,如果假设点火成功的概率 $P(A) = p$,那么由概率论的基本知识可知,点火失败的概率 $P(\bar{A}) = 1 - p = q(0 < p < 1)$。同时,如果将霍尔推力器点火成功时的随机变量 X 记为 1,点火失败时的随机变量 X 取 0,那么霍尔推力器点火过程的分布列可以表示为

$$P(X = 1) = p, \quad P(X = 0) = 1 - p = q, \quad 0 < p < 1 \qquad (7-41)$$

由前面可知,某一固定点火参数下的霍尔推力器点火过程中,X 服从 0-1 分布或伯努利分布(Bernoulli distribution),即为 $X \sim B(1, p)$。当然,此时也可以将点火过程看作 $n = 1$ 的二项分布。

7.3.2　推力器点火可靠度的计算方法

如果用 S_n 表示某一给定参数下 n 次点火实验中点火成功事件 A 发生的次数,S_n 是一个随机变量,S_n 所有可能的取值为 0,1,2,…,n。各次实验是相互独立的,点火成功事件在指定的 $k(0 \leqslant k \leqslant n)$ 次实验中发生,其他 $n-k$ 次实验中不发生,而且这种指定的方式有 C_n^k 种,它们之间是两两互不相容的,因此在 n 次点火实验中,点火成功事件发生 k 次的概率为 $C_n^k p^k (1-p)^{n-k}$,即

$$P(S_n = k) = C_n^k p^k q^{n-k}, \quad k = 1, 2, \cdots, n \qquad (7-42)$$

从式(7-42)可知,如果知道了某一给定点火参数下霍尔推力器点火成功的概率 p,就可以通过式(7-42)计算出这一点火参数下任意点火成功次数的概率,即点火可靠度,那么如何去得到 p,以及 p 的取值有多可信就显得至关重要,可以通过如下方法获得 p 的取值。

如果在相同的点火参数下重复点火实验 n 次,并用 S_n 表示点火实验成功的次数,则比值 $\dfrac{S_n}{n}$ 称为点火成功事件 A 的发生频率,用 $f_n(A)$ 表示,即

$$f_n(A) = \frac{S_n}{n} \qquad (7-43)$$

显然,在任意 n 次固定点火参数下的点火实验中,点火成功事件 A 发生的次数 S_n 具有偶然性,因此对于任意 n,点火成功事件的发生频率 $f_n(A)$ 都具有不确定性。但是,当点火次数 n 很大时,$f_n(A)$ 就呈现出明显的规律性。同时,由于霍尔推力器点火过程服从伯努利分布,由伯努利大数定律可知,在 n 重伯努利实验中,若用 S_n 表示点火成功的次数,p 表示每次点火实验成功的概率,且 $0 < p < 1$,那么存在任意 $\xi > 0$,满足如下条件:

$$\lim_{n \to \infty} P\left(\left| \frac{S_n}{n} - p \right| \geqslant \xi \right) = 0 \qquad (7-44)$$

式(7-44)等价于

$$\lim_{n\to\infty} P\left(\left|\frac{S_n}{n} - p\right| < \xi\right) = 1 \tag{7-45}$$

由式(7-45)可知,当在某一点火参数下的点火实验次数 n 足够大时,给定参数下,推力器点火实验成功次数的频率和点火实验成功次数的概率之间差值的绝对值大于等于任一指定正数 ξ 的概率小于任一提前指定的正数。也就是说,当霍尔推力器在给定点火参数下进行足够多的点火实验时,可以把点火实验成功次数出现的频率作为给定点火参数下推力器点火成功的概率。

同时,由 De Moivre-Laplace(棣莫弗-拉普拉斯)中心极限定理可知,在 n 重伯努利点火实验中,若 S_n 表示其中点火成功的次数,$p(0<p<1)$ 表示每次点火实验中成功的概率,$q=1-p$,则对于一切 x,有

$$\lim_{n\to\infty} P\left(\frac{S_n - np}{\sqrt{npq}} \leqslant x\right) = \int_{-\infty}^{x} \frac{1}{\sqrt{2\pi}} e^{-\frac{t^2}{2}} \mathrm{d}t = \Phi(x) \tag{7-46}$$

当 n 很大时,计算量会变得特别大,因此可以通过查找正态分布函数表获得 $\Phi(x)$ 的精确近似解。

对于式(7-46)中的点火实验,当 n 充分大时,有

$$P(a < S_n \leqslant b) \approx \Phi\left(\frac{b - np}{\sqrt{npq}}\right) - \Phi\left(\frac{a - np}{\sqrt{npq}}\right) \tag{7-47}$$

因此,只要在给定点火参数下进行多次点火实验,就可以由式(7-43)得到霍尔推力器在给定点火参数下的点火成功概率 p,然后就可以通过式(7-42)得到给定点火参数下霍尔推力器点火成功次数 S_n 出现的概率,或者通过式(7-47)得到给定点火参数下霍尔推力器点火成功次数 S_n 在区间 $(a, b]$ 出现的概率。

7.3.3   推力器点火可靠度的置信区间估计

得到霍尔推力器在给定点火参数下点火成功的概率 p 后,非常有必要确定其可信程度。霍尔推力器点火过程的概率分布服从典型的 0-1 分布,如果设点火过程总体服从伯努利分布 $X \sim B(1, p)$ $(0<p<1)$。其中,均值 $\mu = p$,方差 $\sigma^2 = p(1-p)$。为了估计 p 的取值,选择容量 n 足够大的样本 $X_1, X_2, \cdots, X_n$。其中,当 $n>50$ 时,即可认为样本满足大样本需求。那么,依据 De Moivre-Laplace 中心极限定理,$\mu = \dfrac{\overline{X} - \mu}{\sigma}\sqrt{n} = \dfrac{n\overline{X} - np}{\sqrt{np(1-p)}}$,近似地服从 $N(0,1)$ 分布。于是,对于选定的显著性水平 α,有

$$P(\mid \mu \mid < \mu_{\alpha/2}) \approx 1 - \alpha \qquad (7-48)$$

式(7-48)中括号内的不等式满足如下条件:

$$\left| \frac{n\overline{X} - np}{\sqrt{np(1-p)}} \right| < \mu_{\alpha/2} \qquad (7-49)$$

等价于

$$\frac{n(\overline{X} - p)^2}{p(1-p)} < \mu_{\alpha/2}^2 \qquad (7-50)$$

即

$$(n + u_{\alpha/2}^2)p^2 - (2n\overline{X} + u_{\alpha/2}^2)p + n\overline{X}^2 < 0 \qquad (7-51)$$

如果令 $a = n + u_{\alpha/2}^2$, $b = -(2n\overline{X} + u_{\alpha/2}^2)$, $c = n\overline{X}^2$, 式(7-51)的等价形式为

$$p_1 < p < p_2 \qquad (7-52)$$

其中,

$$p_1 = \frac{1}{2a}(-b - \sqrt{b^2 - 4ac}) \qquad (7-53)$$

$$p_2 = \frac{1}{2a}(-b + \sqrt{b^2 - 4ac}) \qquad (7-54)$$

由式(7-49)和式(7-52)确定某一点火参数下点火成功概率 p 的近似置信区间为 (p_1, p_2), 置信度近似为 $1 - \alpha$。

7.4　点火参数及其变化对点火可靠度的影响

7.4.1　点火可靠度实验样本参数确定方法

在进行点火可靠度实验的过程中,通常会存在这样的问题,即要通过多少次实验才能够证明所选择的点火参数是可靠的? 采用什么方法可以确定实验样本的数量? 下面就霍尔推力器点火可靠度实验中出现的两种情况分别展开讨论。

通过前面的分析可知,推力器的点火过程只存在点火成功和点火失效两种状态。不同点火参数下,霍尔推力器的点火可靠度实验又可以分为两种:成功型实验和成败型实验。其中,成功型实验可以视为在某一点火参数组合下,霍尔推力器进行多次点火实验,均可全部成功。成败型实验可以视为在某一点火参数下进行多次点火实验,其中存在点火失效的情况。以下分别给出两种不同情况下点火实验次数的计算方法。

对于成功型的点火实验,假设在固定的点火参数下进行 n 次霍尔推力器点火实验,并且每次点火实验都以同样的独立统计概率 R 进行而不发生点火失效。若给定的点火置信度 $C = 1 - \alpha$, 则成功实验的设计公式为[4]

$$R^n = 1 - C \tag{7-55}$$

对其进行对数变换可得

$$n = \frac{\ln(1 - C)}{\ln R} \tag{7-56}$$

通过式(7-56)就可以得到在点火实验中,若在某一参数下多次点火均成功时所需的最小抽样样本容量 n。

对于成败型的点火实验,在 n 次点火实验中允许 r 次点火实验发生失效,对点火可靠度进行简单估计,可表示为[4]

$$R = 1 - r/n \tag{7-57}$$

那么若给定的点火置信度 $C = 1 - \alpha$, 则成败型点火实验的设计公式必须满足如下关系:

$$B_i(r, R, n) = \sum_{i=1}^{r} \binom{n}{i} (1 - R)^i R^{n-i} = 1 - C \tag{7-58}$$

在给定点火置信度 C 和可靠度 R 的情况下反求式(7-58)的解,即可得到所需的最小抽样样本容量 n。

7.4.2　点火参数及其变化对推力器点火可靠度的影响

由推力器点火过程的可靠性分析可知,在实际推力器在轨点火过程中,真正可以调节的点火参数有阴极流量、加热电流、点火电压、励磁电流、阳极电压和阳极流量。因此,为了选择合适的在轨点火参数,需要研究这些点火参数及其变化对点火可靠度的影响。采用控制变量法,保持其他点火参数不变,改变单一的点火参数,如此就可以得到该点火参数的变化对点火可靠度的影响。根据伯努利大数定律,可以通过改变单一的点火参数来进行多次点火实验,然后根据式(7-43)就可以得到给定参数下推力器的点火成功概率(或点火可靠度),而且点火次数越多,这一点火成功概率的分布曲线就越接近于真实情况。

但是受限于各种条件,实际中无法在某一固定点火参数下进行足够多次数的点火实验,此时根据大样本容量要求可知,只要某一固定点火参数下的点火实验次数大于50即可满足要求,为了获得更加精确的结果,在以下的点火可靠度实验中,设定每个点火参数下的点火实验次数为100。在以下的实验中,推力器的点火参数分别设置如下：励磁电流 2.5 A，阳极电压为 250 V，阴极和阳极的流量分别为 3 sccm 和 45 sccm，阴极加热电流为 7.4 A，点火电压为 250 V。在点火可靠度测试过程中，只改变所要研究的参量，其余点火参数保持不变。

为了便于在点火实验过程中改变励磁电流的大小，霍尔推力器的励磁线圈均采取串联供电的方式。霍尔推力器的点火可靠度随励磁电流的变化特性如图 7-1 所示，由图 7-1 可知，励磁电流的改变对推力器的点火可靠度几乎没有什么影响，这主要是由于此时所选择的其余点火参数较大，推力器点火比较容易，从而在实验变化励磁参数范围内基本消除了励磁电流对推力器点火可靠度的影响。实际上，

从后面的实验结果中可以看出，随着励磁电流逐渐增大，霍尔推力器的点火可靠度呈逐渐降低的趋势。这主要是由于霍尔推力器磁场的主要作用为束缚电子，在其余点火参数不变的情况下，励磁电流越小，推力器出口附近的磁场强度越低，对电子的束缚作用也越小，因此阴极点火瞬间发射的电子能相对容易地穿越磁力线进入放电通道内部，从而建立点火过程，推力器的点火可靠度也就相对较高。增大励磁电流相当于增强了磁场对电子的束缚作用，从阴极发射的电子进入推力器

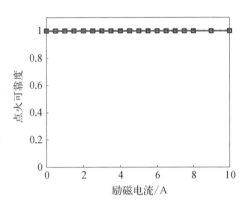

图 7-1　霍尔推力器点火可靠度随励磁电流的变化特性

通道的难度随之增大，霍尔推力器的点火可靠度也就逐渐降低。同时，从图 7-1 可以看出，此时推力器的点火可靠度为 1，但并不是说推力器在该参数下永远不会点火失效，这主要表示在有限的实验次数（100 次）下，推力器在设定的点火参数下均可点火成功，相似的实验结果与此处类似，不再进行赘述。

图 7-2(a) 所示为霍尔推力器的点火可靠度随阳极流量的变化特性，为了更加清晰地呈现其变化趋势，将其中变化最为显著的部分单独取出，如图 7-2(b) 所示。相似的地方也采用了同样的处理方法，不再进行重复说明。从图 7-2(a) 可以看出，当阳极流量低于 10.9 sccm 时，霍尔推力器的点火可靠度为 0，也就是说此时霍尔推力器基本不会点着。当阳极流量高于 11 sccm 时，随着阳极流量逐渐增大，霍尔推力器的点火可靠度也逐渐提高，此时阳极流量进入了点火临界区。当阳极流量处于点火临界区时，霍尔推力器的点火可靠度才会发生显著的变化。而且从图 7-2(b) 可以看出，在这个区域内，霍尔推力器点火可靠度首先会随着阳极流量的增加而缓慢增大，随后这种升高的趋势又会逐渐变得缓慢。这是由于当阳极流量过低时，霍尔推力器通道内和出口区的中性气体原子会变得非常稀薄，此时电子和中性原子的碰撞自由程较大，碰撞频率较低，电子无法和中性原子发生太多有

效的碰撞电离,因此,霍尔推力器基本不可能点火成功。而随着阳极流量逐渐增大,尤其是超过 11.5 sccm 时,放电通道内和羽流区的中性原子密度也逐渐增大,电子和中性原子的碰撞自由程减小,碰撞频率也逐渐提高,因此霍尔推力器的点火可靠度逐渐升高。当阳极流量继续增大,直至 ≥12 sccm 时,霍尔推力器基本上就可以达到次次成功点火了,此时继续增大阳极流量,霍尔推力器的点火可靠度会进一步提升。

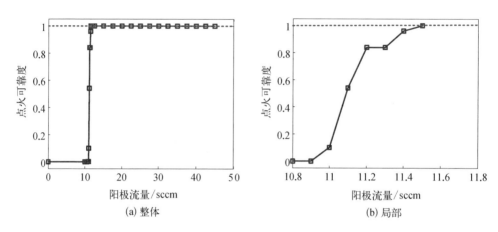

(a) 整体　　　　　　　　　　　　(b) 局部

图 7-2　霍尔推力器点火可靠度随阳极流量的变化特性

图 7-3(a) 所示为推力器的点火可靠度随阳极电压的变化特性,从图中可以看出,当阳极电压低于 50 V 时,推力器的点火可靠度基本为 0。从图 7-3(b) 可以看出,当阳极电压为 50~68 V 时,推力器的点火可靠度随着阳极电压增大而逐渐提高,直到阳极电压大于 70 V 以后,其点火可靠度就会变得非常高,外在表现为每次点火都成功。从理论上讲,只要阳极电压高于氙原子的电离阈值,推力器就有成功

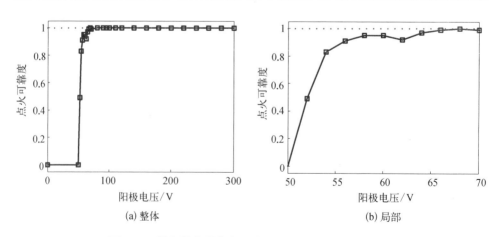

(a) 整体　　　　　　　　　　　　(b) 局部

图 7-3　霍尔推力器点火可靠度随阳极电压的变化特性

点火的可能性。但是受限于实际情况,只有当推力器的阳极电压高于某一边界时,才能在这一点火参数下发生击穿。随着阳极电压逐渐增大,阴极和阳极之间的轴向电场强度也逐渐增强,阴极所发射的电子在轴向电场中所获得的能量也逐渐增大,从而使得电子更容易和氙原子发生碰撞电离,而且产生更多的电子来促进点火过程的发生,因此推力器的点火可靠度随着阳极电压的增大而逐渐提高。

图 7-4 所示为霍尔推力器的点火可靠度随阴极流量的变化特性。阴极的流量工作范围设定为 1.5~10 sccm,并且实验中发现,当阴极流量低于 1.5 sccm 时阴极无法正常工作,因此主要测量了这一范围内霍尔推力器点火可靠度随阴极流量的变化特性。从图中可以看出,当其余点火参数设置为较大值时,在阴极设定的流量工作范围内,霍尔推力器的点火可靠度几乎不随阴极流量的变化而变化。也就是说,在其余点火参数较大的情况下,参数的合理设置会消除阴极流量的输出不确定性对推力器点火可靠度带来的影响。同时,当阴极不能正常发射电子时,霍尔推力器的点火可靠度也就变为 0 了。

霍尔推力器点火可靠度随阴极加热电流的变化特性如图 7-5 所示,从图中可以看出,当阴极加热电流低于 6 A 时,霍尔推力器的点火可靠度几乎为 0。而当阴极加热电流大于 6 A 以后,霍尔推力器的点火可靠度会迅速上升到一个很高的水平,并且随着阴极加热电流逐渐增大,霍尔推力器的点火可靠度会逐渐提高。这是由于实验中采用 LaB_6 材料作为发射体的热阴极,通过阴极加热器给发射体加热,只有当发射体的温度达到某一阈值时,阴极才会满足发射电子的能力。因此,如图 7-5 所示,当阴极加热器加热电流低于 6 A 时,无法使阴极发射体达到热发射温度,只有超过 6 A,阴极才具有发射电子的能力,并且阴极发射体的温度随着加热电流的逐渐增大而逐渐升高,阴极发射电子的能力也会逐渐提高,从而使得推力器的点火可靠度也逐渐提高。

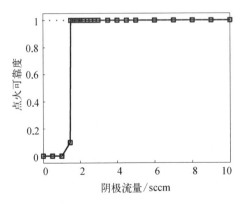

图 7-4　霍尔推力器点火可靠度
随阴极流量的变化特性

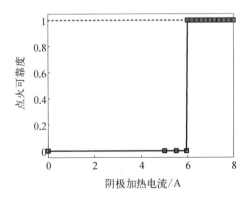

图 7-5　霍尔推力器点火可靠度随
阴极加热电流的变化特性

　　霍尔推力器的点火可靠度随点火电压的变化特性如图 7 - 6 所示,从图中可以看出,当霍尔推力器的点火电压低于 80 V 时,其点火可靠度基本为 0。随着点火电压逐渐增大,其点火可靠度呈先缓慢增大后迅速增大的趋势;当点火电压≥120 V 时,其点火可靠度就会变得比较高,外在表现为推力器每次点火均成功。此后,虽然霍尔推力器的点火电压继续增大,其点火可靠度进一步增大,但增长速率变得十分缓慢。由霍尔推力器点火过程可知,在点火开关闭合之前,首先会闭合点火电压开关,给点火回路的充电电容充电。闭合点火开关后,充电电容会迅速放电,瞬间在阴极触持极上施加一个高电压,从而使得阴极发生气体击穿,并将电子从阴极引出。当点火电压低于某一值时,说明未能达到阴极气体击穿的条件。当点火电压高于击穿电压阈值并逐渐增大时,阴极触持极瞬间施加的电压也会逐渐增大,使得阴极更容易发生气体击穿并将电子从中引出,霍尔推力器的点火可靠度也会逐渐提高。

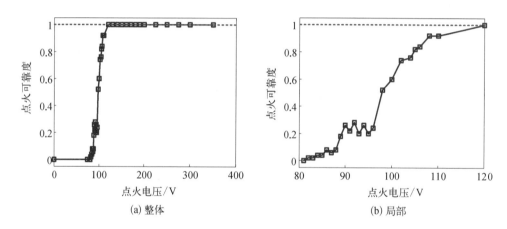

图 7 - 6　霍尔推力器点火可靠度随点火电压的变化特性

　　前面通过实验研究了霍尔推力器点火可靠度随单个点火参数的变化特性,为了进一步分析点火参数对点火可靠度的影响,接下来给出点火参数变化对点火可靠度的影响。

　　1. 阳极流量变化对霍尔推力器点火可靠度的影响

　　不同阳极流量(30 sccm、45 sccm 和 60 sccm)下推力器点火可靠度的变化特性如图 7 - 7 所示,其中励磁电流均为 2.5 A,阴极流量均为 3 sccm,加热电流均为 7.4 A,点火电压均为 250 V。由图可知,当阳极电压大于 70 V 时,阳极流量的变化对霍尔推力器的点火可靠度几乎没有明显的影响。当阳极电压为 50～70 V 时,霍尔推力器的点火可靠度随着阳极流量的增加而增大。并且从图 7 - 7(b)可以看出,随着阳极流量逐渐增大,霍尔推力器的阳极临界电压也会逐渐降低。

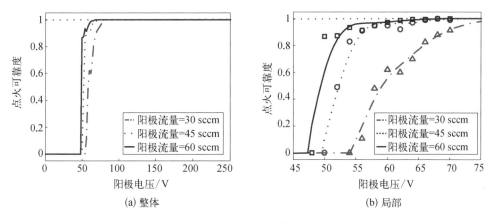

图 7-7　霍尔推力器点火可靠度随阳极流量的变化特性

2. 励磁电流变化对霍尔推力器点火可靠度的影响

不同励磁电流(1.5 A、2.5 A 和 3.5 A)下霍尔推力器点火可靠度的变化特性如图 7-8 所示,其中阳极流量均为 45 sccm,阴极流量均为 3 sccm,加热电流均为 7.4 A,点火电压均为 250 V。由图可知,在其余点火参数不变的情况下,当阳极电压大于 70 V 时,励磁电流的变化对霍尔推力器的点火可靠度几乎没有产生明显影响。当阳极电压为 50~70 V 时,霍尔推力器的点火可靠度随着励磁电流的增加而降低。并且从图 7-8(b)可以看出,随着励磁电流逐渐增大,霍尔推力器阳极临界电压也显著升高。

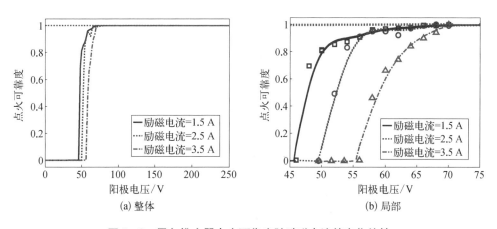

图 7-8　霍尔推力器点火可靠度随励磁电流的变化特性

3. 阴极流量变化对霍尔推力器点火可靠度的影响

图 7-9 所示为不同阴极流量下(1.5 sccm、3 sccm 和 6 sccm)霍尔推力器点火可靠度的变化特性,其中阳极流量均为 45 sccm,励磁电流为 2.5 A,加热电流均为

7.4 A,点火电压均为 250 V。由图可知,在其余点火参数不变的情况下,当阳极电压大于 70 V 时,阴极流量的变化对霍尔推力器的点火可靠度几乎没有明显的影响。当阳极电压为 50~70 V 时,霍尔推力器的点火可靠度会随着阴极流量的增加而略有增大。并且从图 7-9(b)可以看出,随着阴极流量逐渐增大,霍尔推力器的阳极临界电压会逐渐降低。

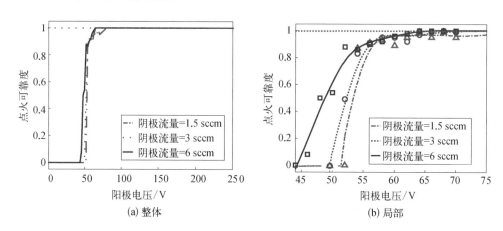

图 7-9　霍尔推力器点火可靠度随阴极流量的变化特性

4. 加热电流变化对霍尔推力器点火可靠度的影响

图 7-10 所示为阴极不同加热电流(7 A、7.4 A 和 7.8 A)下霍尔推力器点火可靠度的变化特性,其中阳极流量均为 45 sccm,励磁电流为 2.5 A,阴极流量均为 3 sccm,点火电压均为 250 V。由图可知,在其余点火参数不变的情况下,当阴极加热电流高于 7.4 A 时,加热电流的变化几乎对推力器的点火可靠度没有什么明显影响。但是当阴极加热电流逐渐降低时,霍尔推力器的点火可靠度会明显降低,而

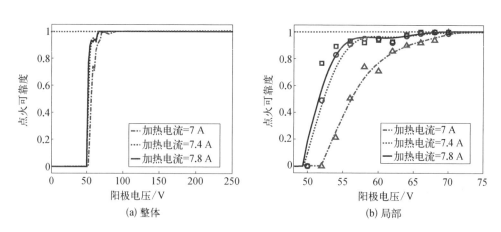

图 7-10　霍尔推力器点火可靠度随阴极加热电流的变化特性

且霍尔推力器的阳极临界电压也会逐渐升高。

5. 点火电压变化对霍尔推力器点火可靠度的影响

不同点火电压(150 V、250 V 和 350 V)下霍尔推力器点火可靠度的变化特性如图 7 - 11 所示,其中阳极流量均为 45 sccm,励磁电流为 2.5 A,阴极流量均为 3 sccm,加热电流均为 7.4 A。由图可知,在其余点火参数不变的情况下,当阳极电压大于 70 V 时,点火电压的变化对霍尔推力器的点火可靠度几乎没有明显的影响。当阳极电压为 50~70 V 时,霍尔推力器的点火可靠度随着点火电压的增大而逐渐增大,并且随着点火电压逐渐增大,这种影响效果也越来越小。另外,从图 7 - 9(b)可以看出,点火电压的变化对推力器的阳极临界电压没有什么影响。

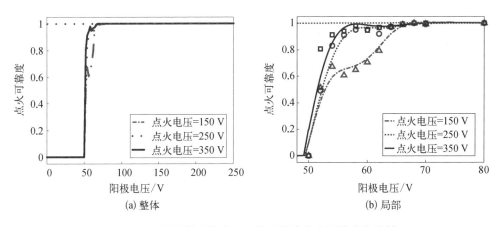

(a) 整体　　　　　　　　　　(b) 局部

图 7 - 11　霍尔推力器点火可靠度随点火电压的变化特性

7.5　点火可靠度实验评估方法及实验验证

7.5.1　点火可靠度实验评估方法

对于某一款霍尔推力器样机,在进行空间应用之前,通常会对其设定一个点火可靠性指标,例如,要求某一款空间应用霍尔推力器的点火可靠度为 R,置信度为 $C = 1 - \alpha$。对于霍尔推力器的在轨点火过程,当供气和供电等基本操作结束后,就会在某一设计点火参数下采用脉冲点火电源在固定的时间内不断地发出点火指令,直至霍尔推力器点火成功。假设霍尔推力器要求的点火任务完成时间为 2 min,脉冲点火电源每秒内发出的点火脉冲指令次数为 n,只要 n 次点火脉冲指令中有 1 次成功,那么推力器的点火任务就可以完成。首先,根据 n 的大小和霍尔推力器的点火可靠度 R,就可以通过反向求解式(7 - 42)得到霍尔推力器在设计点火参数下的点火成功概率下限 p。

其次,根据点火参数及其变化对点火可靠度影响的实验结果选取出符合要求的点火参数组合,当然,此时会有多个点火参数组合满足要求。通常,点火参数要考虑的输出不确定性在工程上是有规定的,并且假设这些点火参数的输出不确定性在推力器寿命期内保持不变。

然后,在这些点火参数组合的上边界(此时励磁电流为下边界)和下边界(此时励磁电流为上边界)下分别进行点火实验 m 次,记录每个点火参数组合下点火成功的次数 S_n。此时,可以根据本节给出的点火可靠度置信区间估计方法求出每个点火参数组合在其下边界时置信度为 C 的置信区间 $[p_1, p_2]$ 和上边界时置信度为 C 的置信区间 $[p_3, p_4]$。如此,就可以得到该点火参数下包含输出不确定性时的点火成功概率的最终置信区间为 $[p_1, p_4]$,置信度为 C,选取置信下限为 $p_1 > p$ 的点火参数组合。

最后,通过实验测量所选出的点火参数组合下的点火冲击电流峰值,并根据卫星平台所能提供的功率和电源供给系统所能接受的点火冲击电流峰值,对点火参数组合进行进一步筛选,从而得到同时满足点火可靠性指标和电源系统指标的点火参数组合,霍尔推力器的点火可靠度评估流程如图 7-12 所示。同时,计算该点火参数和临界点火参数的比值,就可以得到该点火参数下的点火裕度 K。此时,就可以知道所选出的点火参数具有多大的裕度来抵消点火参数不确定性所引发的点火可靠度变化。另外,当霍尔推力器在这些点火参数组合下进行点火测试时,在置信度为 C 的情况下,点火成功概率的置信区间下限都要高于所需的点火成功概率下限 p,因此在该置信度下的实际点火可靠度大于所设定的点火可靠度 R。

当霍尔推力器在轨运行时,尽管将推力器的点火参数可精简为励磁电流、阴极加热电流、点火电压、阳极电压、阴极和阳极供气流量,但是为了保证推力器点火成功后能更快地进入稳定工作状态,避免由于磁场调节而引发霍尔推力器工作在限流或大振荡等放电状态,励磁电流通常保持为优化值不变。当阴极进行空间应用时,阴极流量和加热电流也保持为优化值不变,因此在使用本章所给出的点火可靠度评估方法来选择点火参数的过程中,可以进一步将在轨点火参数精简为 3 个,即阳极电压、阳极流量和点火电压。当然,前面所提出的点火可靠度评估方法对于 6 个点火参数也是适应的,在这里只是为了便于实际应用,对可调整的点火参数进行了优选。

7.5.2 点火可靠度评估方法实验验证

尽管 7.3 节中给出了给定点火可靠性指标下的推力器点火可靠度评估方法,但是还需要进一步通过点火可靠度实验来对其进行验证,确定根据本章所提出的方法选定的点火参数组合是否能真正地满足点火可靠性的指标要求。首先,假设推力器的点火可靠性指标为 $R = 0.95$、$C = 0.95$。假设脉冲点火电源在 1 s 内发出的点火脉冲指令次数 $n = 5$,根据推力器的点火概率分布和式(7-42),计算出所需点火参数组合下的点火成功概率下限 $p = 0.657$。同时,结合点火参数及其变化对推力器点火可靠度影响的实验结果,选出满足要求的点火参数组合进行实验验证。

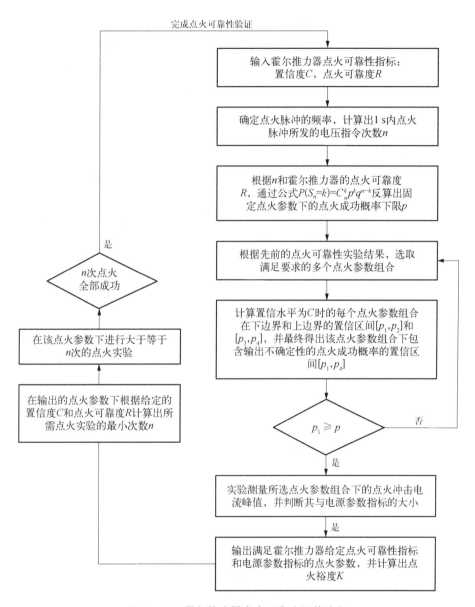

图 7-12　霍尔推力器点火可靠度评估流程

最终选取的点火参数为：阴极和阳极的供气流量分别为 3 sccm 和 30 sccm、阳极电压 85 V、加热电流 7.4 A、点火电压 250 V、励磁电流 2.5 A。然后，在该点火参数的下边界和上边界下各进行了 100 次点火实验，其中点火成功次数为 99 次，并根据式(7-48)~式(7-54)和本章给出的点火可靠度区间估计方法计算得到置信度为 0.95 时，给定点火参数组合下包含输出不确定性的点火成功概率的最终置信区间为(0.945 5,0.998 2)。由此可以看出，在给定置信度下的点火成功概率的置信下限(0.945 5)远大于所需给定点火参数组合下的点火成功概率下限(0.657)。

最后,对所选定的点火参数组合进行进一步的点火可靠度实验验证。其中,设定所需的点火时间为 2 min,每秒内发出的点火脉冲指令次数为 5。同时根据本章中提出的点火可靠度实验样本确定方法计算出满足实验要求的最小样本数为 59次,对其取整为 60 次。采用点火脉冲回路,在选定的点火参数组合下点火 60 次,每次包含的点火电压脉冲次数为 5,若 5 次点火脉冲中有 1 次点火成功,即认为本次点火实验成功,当 60 次点火均成功时,即认为所选择的点火参数已经满足了霍尔推力器的点火可靠性指标要求。为了便于数据呈现,表示为一次点火实验下,5 次点火脉冲指令中的第 n 次点火成功,即 $n = 1, 2, 3, 4, 5$。在固定参数下,测量推力器在第几次点火脉冲点火成功,将传统点火回路中的点火开关用脉冲信号源驱动。

霍尔推力器点火成功次数随点火脉冲电压信号的变化特性如图 7 - 13 所示,

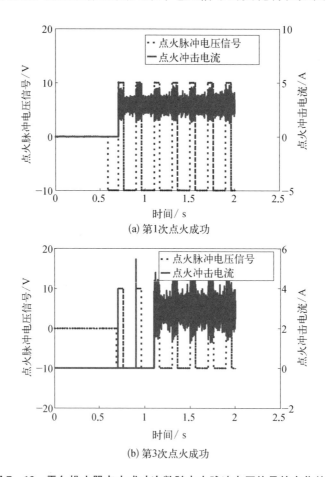

(a) 第1次点火成功

(b) 第3次点火成功

图 7 - 13　霍尔推力器点火成功次数随点火脉冲电压信号的变化特性

从图中可以看出,在固定的点火参数下,推力器分别在第 1 次或在第 3 次点火脉冲电压下点火成功。也就是说,在固定参数下,尽管霍尔推力器在一个点火指令内点火成功时对应的脉冲电压信号次数是不同的,但是推力器均能点火成功。

在选定的点火参数下,霍尔推力器在 100 次点火实验中的点火脉冲指令示意图如图 7－14 所示。尽管只需在选定参数下进行 60 次点火验证,但是实际进行了 100 次点火实验。从图中可以看出,尽管在给定点火参数下 100 次点火成功时的所对应的点火脉冲指令顺序有所不同,但是 100 次点火全部成功。而且根据式(7－56)可以反求出此时霍尔推力器在选定点火参数组合下分别完成 60 次和 100 次点火实验时,在置信度为 0.95 下的点火可靠度分别为 0.951 3 和 0.970 5,均大于霍尔

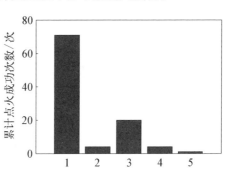

图 7－14　霍尔推力器点火成功对应的脉冲电压信号随点火次数的变化特性

推力器设定的点火可靠度 0.95,从而验证了本章所提出的点火可靠度评估方法的准确性。

当然,为了进行验证,本节只是在所选择的点火参数下进行了有限次数的点火实验,随着点火验证实验次数的增加,点火可靠度也会逐渐增大。同时,尽管点火参数组合的选择会随着推力器型号样机点火可靠度及每个点火指令下所发出的点火脉冲电压次数而有所不同,但采用的评估方法都是一样的。

参考文献

[1] Elsayed A E. 可靠性工程[M]. 2 版. 杨舟,译. 北京:电子工业出版社,2013.
[2] 邓奋发. MATLAB R2015b 概率与数理统计[M]. 北京:清华大学出版社,2017.
[3] 梁之舜,邓集贤,杨维权,等. 概率论及数理统计[M]. 北京:高等教育出版社,1998.
[4] 盖瑞 S,沃瑟曼. 工程设计中的可靠性验证、实验与分析[M]. 石健,译. 北京:机械工业出版社,2015.

第8章
霍尔推力器在轨点火

当一款霍尔推力器工程样机在地面完成所有实验,性能指标达到卫星总体技术要求,真正在空间平台上进行应用时就会面临许多和地面环境不一样的问题。例如,空间在轨背景压力和地面的模拟系统相差数个量级,霍尔推力器工作在不同的轨道位置时,其受到的日照情况不一样,导致所处的空间温度不同,这都可能影响霍尔推力器的在轨点火过程。此外,在霍尔推力器的点火瞬间,大量工质被瞬间电离,会对卫星平台及卫星母线产生一定程度的扰动,不同功率等级的霍尔推力器对卫星平台的扰动可能存在明显的差异。当霍尔推力器在轨运行时,为了简化电路,有时需要将电磁线圈设计为与放电主回路串联,此时放电电流即为励磁电流,霍尔推力器工作在自励模式,这与线圈单独供电他励模式有着显著的差异,这种励磁模式对于霍尔推力器的在轨点火过程有哪些特殊性? 对于一台在轨工作的霍尔推力器,其服役时间通常为 10~15 年,在这么长的服役时间内,霍尔推力器的放电通道等结构会产生显著退化,这对于寿命后期的点火可靠度有着什么样的影响?最后,为了确保霍尔推力器的在轨点火可靠度,不仅需要改进其部组件的加工工艺,而且要通过改变点火外回路来提升霍尔推力器的在轨点火可靠度。此类问题是开放性问题,也是有待研究的问题,本书只作尝试性的讨论和分析。

8.1 空间环境对霍尔推力器在轨点火过程的影响

卫星平台所执行的空间任务不同,根据轨道高度,大致可将其分为低轨道卫星(飞行高度小于 1 000 km)、中轨道卫星(飞行高度为 1 000~20 000 km)和高轨道卫星(飞行高度大于 20 000 km)。其中,高轨道卫星主要以通信广播卫星为主,在实现国际远距离通信和电视传输方面,这些卫星一直担任主角。典型的高轨卫星平台有美国波音公司 BSS - 702 系列卫星、俄罗斯"快讯"系列通信卫星平台、欧洲空中客车公司"欧洲星"系列卫星平台、日本 DS - 2000 通信卫星平台及我国的高轨通信卫星"东方红"系列等。中轨道卫星的轨道高度较低,可减弱高轨道卫星通信的缺点,并能够为用户提供体积、质量、功率较小的移动终端设备,用较少数目的中轨道卫星即可构成全球覆盖的移动通信系统。典型的中轨道卫星移动系统主要有国际海事卫星组织的中圆轨道(Intermediate Circular Orbit, ICO)系统 INMARSAT－P、汤普森－拉莫－伍尔德里奇空间技术集团公司的 Odyssey(奥德赛)和欧洲宇航局开发的中轨道全球卫星系统(Medium Altitude Global Satellite System, MAGSS)－14等。低轨道卫星系统一般是指由多个卫星构成的可以进行实时信息处理的大型卫星系统,具有传输延时短、路径损耗小等特点。低轨道卫星主要用于军事目标探测,利用低轨道卫星容易获得目标物的高分辨率图像,低轨道卫星也可用于手机通信,最有代表性的低轨道卫星移动通信系统主要有铱(Iridium)星系统和全球星(Globalstar)系统、白羊(Arics)系统、低轨卫星(Leo-Set)系统、星链(Starlink)系统等。

如果要在这些卫星平台上搭载霍尔电推进系统作为动力装置,那么由于卫星平台的飞行轨道高度不同,霍尔推力器需要在不同的轨道高度上完成多次点火启动过程。随着卫星轨道高度的增加,卫星平台所处的大气压环境也是不同的。低地球轨道卫星的飞行高度通常在 400～500 km,相应的背景真空压强在 10^{-5} Pa 以下。对于中轨道卫星和高轨道卫星,背景真空压强将会更低。然而,由于真空技术条件的限制,地面真空系统所能提供的背景气压很难达到真实太空环境下的水平。

以上海空间推进研究所的 4.2 m×9 m 真空模拟舱为例,极限真空能达到 4×10^{-5} Pa,是我国目前已报道的面向电推进应用测试的真空度最高的真空模拟舱,总投资 4 000 余万元[1],但与霍尔推力器应用的同步轨道的空间背压(10^{-8} Pa)相比,仍相差几个数量级。若要进一步提高真空度,耗资巨大。霍尔推力器在地面真空系统中稳态运行时,背景气压一般为 10^{-3} Pa 量级,即至少要高于空间背压 2 个数量级,这种背景压强的差异对霍尔推力器的影响引起了许多研究者的重视[1-3]。

真空背景压强对推力器的影响主要表现在羽流效应和回流效应两个方面。其中,羽流效应是由于背景气体密度改变了出射离子碰撞截面,从而影响了羽流的发散角[4];回流效应则是由于背景真空和推力器通道内存在压强梯度,真空罐内的背景气体流入通道后在通道内被加速和电离。但是查阅相关文献发现,目前几乎没有学者去关注空间背压对霍尔推力器在轨点火的影响。

在第 5 章中,给出了不同阳极流量下霍尔推力器放电通道内和羽流区的压力分布曲线,如图 5－8 所示。以典型的 1.35 kW 量级霍尔推力器为例,其工作流量约为 45 sccm,从图 5－8 中可以大致估算出此时放电通道内和出口羽流区的压力约为 10^{-1} Pa 量级,而霍尔推力器在轨工作所处的空间背压至少为 10^{-5} Pa 量级,远低于放电通道内和出口羽流区的压力。影响霍尔推力器在轨点火过程的主要因素是放电通道内的中性原子密度,无论是在轨点火还是地面点火,放电通道内的中性原子密度都远高于推力器出口羽流区及远场区域。因此,尽管霍尔推力器在空间环境中所处的真空环境远高于地面所能模拟的真空背压,但是并不会影响霍尔推力器的在轨点火过程。在地面环境下,可以通过调整不同真空泵的开关状态来改变真空罐内的背压,从而简单验证不同的真空背压对霍尔推力器的点火过程的影响,可以发现真空背压对推力器的点火过程几乎没有什么明显的影响。综合上述分析结果可知,尽管霍尔推力器运行在不同的轨道高度时,其在在轨点火过程中所处的空间背压环境有所差异,但是对于霍尔推力器的在轨点火过程并没有产生明显影响。

除了空间背压之外,卫星平台从地面到在轨运行时所面临的空间温度也会发生较大变化,这同样会使得作为动力装置的霍尔电推进系统的在轨点火过程也要面临空间温度的影响。当气压从 10^{-5} Pa 降至 10^{-7} Pa 以下时,空间温度会从室温(20~30℃)变为−45~90℃[5]。而霍尔推力器在轨工作过程中,空间温度可能更低,根据推力器的基本物理过程,这种空间温度的变化可能会对阴极的点火启动过程产生一定的影响,但是目前并无相关的实验数据可以提供参考和加以验证,因此空间环境因素对霍尔推力器在轨点火可靠度的影响仍是需要关注的重要课题和研究方向。

8.2   不同功率等级的霍尔推力器点火过程对卫星平台的扰动

对于在轨运行的霍尔推力器,在点火瞬间产生的冲击会对推进系统的推力输出产生较强的扰动,形成的瞬态不平衡力矩会影响卫星的姿态,尤其是小卫星,但这种瞬时推力输出时间只有几十微秒,量化评估困难,目前尚无相关研究报道。随着商业航天技术迅速发展,商业通信卫星的全球低轨卫星星座建设任务均采用小功率的霍尔推力器作为卫星平台的动力装置。图 8-1 所示为 200 W 霍尔推力器在不同阳极电压下的点火冲击电流,从图中可以看出,当阳极电压为 250 V、阳极流量为 13 sccm 时,点火冲击电流峰值为 25 A。而对于 1.35 kW 推力器,当阳极电压为 260 V、阳极流量为 50 sccm 时,点火冲击电流峰值为 100 A,为前者的 4 倍。那么,

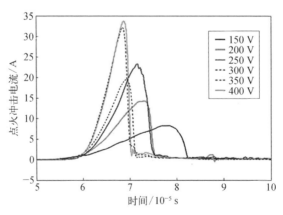

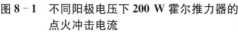

图 8-1   不同阳极电压下 200 W 霍尔推力器的
点火冲击电流

是不是意味着霍尔推力器的功率等级越小,对卫星平台的冲击也更小呢?

这里可以以霍尔推力器点火启动过程中点火冲击电流的积分电荷与推力器功率的比值 α 来简单表征推力器点火冲击对卫星平台的扰动程度,见式(8-1),计算示意图见图 8-2。

$$\alpha = \frac{Q}{P} \tag{8-1}$$

式中,P 表示卫星平台所用电推进的功率等级,W;Q 表示点火冲击电流的积分电荷,C。

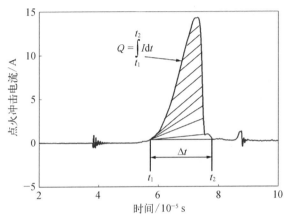

图 8-2　霍尔推力器点火冲击电流积分示意图

具体以 1.35 kW 量级和 200 W 霍尔推力器为例,分别计算评估二者的点火冲击过程对卫星平台的扰动程度,结果如图 8-3 所示。从图 8-3 中可以看出,尽管

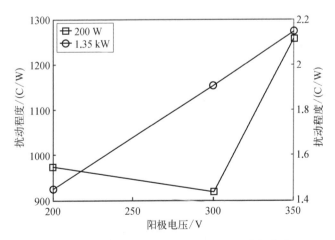

图 8-3　不同功率等级的霍尔推力器的在轨点火
对卫星平台的扰动程度

200 W 霍尔推力器的功率相比 1.35 kW 霍尔推力器较小,但是其点火冲击电流对卫星平台的扰动程度是 1.35 kW 霍尔推力器卫星平台的 600 倍左右,非常值得引起空间应用时的重视和关注。这里只是以探索性的研究来说明二者的差异,深入细致的研究还需要推进系统的研究人员与卫星总体研究人员通力配合,共同开展。

8.3   自励模式点火的在轨应用分析

霍尔推力器放电通道内的磁场既可以由高磁能积的永磁铁产生,也可以由电磁线圈中的通电流产生。强磁场需要大的励磁电流,会使线圈熔断或者因为过热而使线圈产生绝缘损坏,导致电路发生短路故障[6]。小功率霍尔推力器体积小、等离子体控制难度大、相对热负荷大、线圈励磁中的热问题更加突出,因此在微小卫星平台上,小尺寸低功率推力器通常优先使用永磁励磁。对于功率为 200 ~ 5 000 W 的霍尔推力器,通常利用若干个电磁线圈去产生放电通道内所需的磁场,便于调节和优化。通道内的磁场是所有电磁线圈产生的磁场的叠加,电磁线圈励磁的推力器可以分为两种工作模式: 他励模式(由独立的电源为励磁线圈供电形成磁场)或自励模式(将励磁线圈串联到主放电回路,由放电电流激励励磁线圈形成磁场)。

在地面实验室研究阶段,为了更好地研究推力器放电通道内的磁场大小和位形对推力器放电工作性能的影响,推力器一般工作在他励模式下,如图 8-4 所示,每一个电磁线圈由独立的直流电流源供电。他励模式最显著的优点是在霍尔推力器放电工作中,可以独立调节每一个电磁线圈的直流励磁电流,从而更有效地研究磁场的位形和大小对推力器放电电流特性、放电振荡特性、羽流的发散与聚焦、电子的传导特性和性能等多方面的影响。

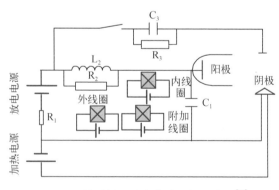

图 8-4   他励模式放电电路结构示意图[7]

在航天应用中,为了减轻系统重量,电磁线圈结构的霍尔推力器也会设计运行在自励模式下,即把所有线圈串联进主放电回路当中,工作时的放电电流即线圈励磁电流、对于自励模式的相关研究,稳态等离子体推力器发明人 Morozov 在纪念 SPT 太空运行 30 周年的年会上提到,为了简化电路和确保稳定点火,电磁线圈需要与放电主回路串联[7]。在苏联 EOL － 2 和 EOL － 3 轨道控制推进系统上所使用的 M － 60、M － 50 推力器等,均设置为电磁线圈与主放电回路串联[8]。

Arkhipov 等[9]在研究 SPT － 100 点火瞬态冲击电流时,也把线圈串联进主放电回路,放电电流流过励磁线圈,从而在推力器放电通道内产生磁场。在自励模式下,放电电流即励磁电流,放电电流与磁场之间建立起直接的强耦合反馈作用。因此,为了得到最优磁场,必须调整线圈匝数。自励模式省去了他励模式中的所有励磁直流电源,可以简化电路、提高推进系统可靠性。同时,励磁电源的减少能够减轻系统重量和提高卫星系统的有效载荷。在此模式下,推力器放电工作时,放电电流即电磁线圈电流,磁场不可独立调节,自励模式的磁路设计是以他励模式的优化运行参数作为参考的,需要将所有电磁线圈串联进主放电回路,使推力器工作在最优放电工作点。实验发现,励磁线圈串联进放电回路的不同位置时,放电可靠性存在较大差异。如果励磁线圈串入放电电源的正极性端,通常阳极电压为 300~600 V,在该电路结构下,线圈为高电势,会对线圈绝缘提出更高要求。与他励模式电路结构不同,在自励模式下,如果励磁线圈产生绝缘损坏,那么磁路磁极即为高电势。此时,阴极发射的电子会直接轰击内磁极,导致放电失败,如图 8 － 5 所示。因此,工程上采用的自励模式下的霍尔推力器的励磁线圈一般串入放电电源的负极性端,如图 8 － 6 所示。经过放电实验验证,在该电路结构下,由于线圈为低电势,对线圈绝缘的要求降低,可实现稳定可靠放电。

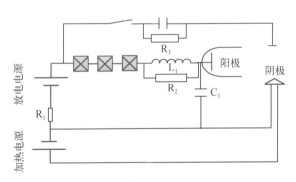

图 8 - 5　自励模式下的放电电路结构示意图(励磁线圈串入放电电源正极端)[10]

与他励模式不同,自励模式下,霍尔推力器点火之前,放电通道内无磁场,点火后的放电电流即励磁电流,最终磁场与放电电流达到动态平衡,从而稳定放电。研究结果表明,在霍尔推力器点火启动的过程中,磁场强度越弱,对电子的束缚能力越小,电子可以相对容易地从阴极运动到放电通道内部,并且和点火启动前在放电通道内聚集的工质原子产生碰撞电离,使得霍尔推力器的启动过程更加容易。但是自励模式

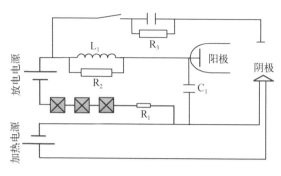

图 8 - 6   自励模式下的放电电路结构示意图(励磁线圈串入放电电源负极端)[10]

下的放电电流即为励磁电流,点火启动瞬间,放电电流与励磁强耦合在一起,导致启动过程中等离子体放电的建立过程更加复杂,目前还没有建立完整的研究图像,仍需要开展大量深入细致的研究工作。

与他励模式下的准静态磁场和永久磁铁励磁模式下的静态磁场相比,自励模式下霍尔推力器中的稳态等离子体放电的物理过程更加复杂,自励模式下的霍尔推力器励磁与放电的闭环耦合将导致一系列的特殊物理问题,如图 8 - 7 所示,尤其值得关注的问题如下。第一,励磁与放电闭环耦合过程对霍尔推力器放电微观等离子体特性的影响,以及宏观上对放电电流稳定性的影响。第二,放电电流直流分量在闭环耦合过程中的作用;放电电流中低频振荡分量形成的磁场低频波动在整个闭环耦合过程中对等离子体的作用;放电电流中的高频分量经过励磁线圈,由线圈的电感特性可知,放电电流的高频分量会引起励磁线圈两端的电压波动,这种闭环耦合对霍尔推力器阳极电压的影响如何。第三,励磁与放电闭环耦合的稳定性问题。特别地,在不

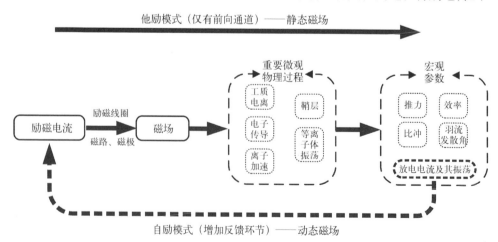

图 8 - 7   霍尔推力器在不同励磁模式下的物理耦合过程示意图

同耦合方式和强度下,励磁与放电闭环耦合对推力器影响的差异等,这些特殊物理问题都有待于开展系统的理论和实验研究工作。

8.4　寿命期内的参数退化对推力器
点火可靠度的影响评估

8.4.1　寿命期内的退化参数分析

对于一台执行南北位保任务的 kW 量级霍尔推力器,通常其在轨服役时间为 10~15 年,而且在轨工作期间需要经历多次点火、稳定和熄火过程。在这个长时间的运行过程中,霍尔推力器的结构参数会发生显著的变化,主要包括以下几个方面。

(1) 电源系统的参数退化。随着霍尔推力器工作时间的逐渐增加,供给阳极电压的放电电源内部的电气元件和放电特性等会发生一定的退化。但是,在放电电源的设计过程中,一般会针对性设计应对电气元件参数变化引起的电源系统在霍尔推力器寿命期内的输出不确定性,因此电源系统输出参数的退化对点火过程的影响可以通过针对性设计来避免。

(2) 气体分配器孔径的退化。在霍尔推力器的放电过程中,从阴极发射的电子最终会到达推力器的阳极并与阳极完成复合,从而形成一个完整的放电回路。目前研制的霍尔推力器中,为简化结构,通常采用阳极和气体分配器一体化设计,且大都采用“零磁场”位型,即近阳极区的磁场强度基本为零,电子在向阳极运动的过程中产生的能量损失较小,这些高能的电子在长时间与阳极的复合过程中,会不停地轰击气体分配器的小孔,使其孔径不断变大。当气体分配器孔径变大后,原有工质气体均化设计就会破坏,气体周向均匀性变差,出现推力器放电不稳定、点火冲击不确定性等问题。为了避免这一影响,目前在推力器气体分配器的设计过程中,通常在气体分配小孔前面增加一个挡板,这样既可以防止电子去轰击气体分配器小孔而导致其孔径发生变化,而且可以减小工质气体在放电通道内的流动速度,提升推进剂的电离率。

(3) 励磁线圈阻抗的退化。随着霍尔推力器的工作时间增加,由于热蒸发或制造过程的线径不均等,推力器励磁线圈的局部直径会随着工作时间的增加而变小,那么它的阻抗就会越来越大。在相同的励磁电压下,霍尔推力器的磁场强度就会发生变化,从而影响推力器的点火启动过程和稳态放电性能。因此,在霍尔推力器的服役期内,为了保持推力器的磁场强度不变,设计上采用恒流供电并对励磁线圈电压的上限留有足够的裕度,使得推力器的励磁电流一直保持在初始优化值不变,这样就可以抵消励磁线圈阻抗的退化对磁场特性的影响,因此可以认为励磁线圈阻抗的变化对点火过程没有影响。

（4）放电通道形貌的退化。鉴于各种原因[11]，无论如何设计磁场来约束等离子体，仍会有部分高能离子轰击霍尔推力器放电通道的陶瓷壁面，在长时间的工作过程中就会使推力器的通道形貌发生变化，从而影响推力器的稳态放电特性。为了改善这一现象，国内外众多机构的研究者从多个方面提出了应对方法，通过合理设计磁场构型来抑制离子束的发散[12]。相关研究人员通过在通道内布置局部电极来改变放电通道内的等电势面的形状和电势分布，减少离子束的发散[13,14]。Conversano 等[15]采用合理的磁场构型，结合通道形貌侵蚀而提出的"磁屏蔽技术"来削弱离子束流的影响。张旭[16]通过采用后加载型加速场的设计来降低高能离子与通道壁面的作用面积，并通过控制离子能量加载位置，来降低高能离子对放电通道的轰击作用。

尽管许多学者提出了众多方法来减轻或削弱高能离子对放电通道的轰击作用，但总有一部分高能离子会和放电通道壁面发生碰撞，并且随着霍尔推力器在轨服役时间逐渐增长，这种侵蚀速率会显著降低并趋于稳定。图 8-8 给出了 PPS5000 霍尔推力器在寿命期内的放电通道形貌测量结果。由图可知，高能离子对放电通道的侵蚀主要发生在通道出口附近，而推力器通道形貌的退化会影响点火过程中的电子传导特性和中性气体流动等过程，可能会对推力器的点火可靠度产生一定的影响[17]。

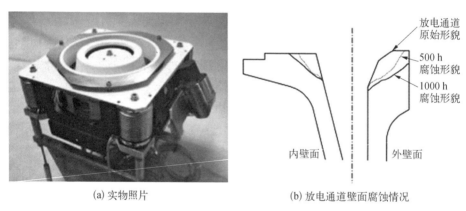

(a) 实物照片　　　　　　　(b) 放电通道壁面腐蚀情况

图 8-8　PPS5000 霍尔推力器实物照片和放电通道壁面腐蚀情况[17]

（5）推力器磁极形貌的退化。尽管研究人员提出了磁屏蔽技术，可以有效地改善霍尔推力器放电通道内的溅射腐蚀问题，但是在经历了长时间运行后，推力器的内磁极盖板处会由于高能电子的溅射作用而产生严重的侵蚀现象。当内磁极盖板被完全侵蚀后，电子就会直接轰击推力器的磁路，推力器就会发生失效。如图 8-9 所示，运行一段时间的霍尔推力器的内磁极盖板产生了腐蚀现象[18]。当推力器的磁极被侵蚀后，磁路结构发生改变，进而影响推力器的原有磁场位型设计，此时整个霍尔电推进系统就基本失效了。磁极形貌微小变化对点火可靠度的影响值得关注。

（6）阴极加热器阻值和钨顶孔径的退化。阴极是霍尔推力器放电回路的核心组件之一,阴极一旦发生失效,会影响整个推进系统的可靠性。随着在轨服役时间的增加,阴极热子会因长时间的高温蒸发而导致加热丝直径逐渐变小、电阻值不断增大。随着阴极热子电阻值变大,在相同的加热电流下,阴极热子的加热功率也会逐渐变大,从而加剧了阴极热子电阻

图 8 - 9　霍尔推力器内的
磁极腐蚀现象[18]

值的增加。当阴极热子的电阻值超过某一阈值时,就会发生局部熔断,从而引发阴极点火失效故障,进而导致整个霍尔电推进系统点火失效。为了避免阴极热子电阻值退化带来的影响,在空心阴极的设计和应用中,需要对热子加热丝的直径分布进行工艺筛选并合理设计加热方法,从而实现优化设计,以保障阴极在推力器寿命期内的正常放电性能,避免影响推力器的点火可靠度。

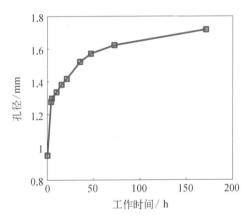

图 8 - 10　某空心阴极顶孔径随工作时间的
变化特性[19]

另外,空心阴极顶孔孔径会随着工作时间的增长而逐渐扩大。在 200 h 工作时间内,某一空心阴极的钨顶孔径变化情况如图 8 - 10 所示[19],空心阴极经历 10 000 次点火启动前后的钨顶孔形貌对比如图 8 - 11 所示[20]。从图 8 - 10 和图 8 - 11 可以看出,在霍尔推力器的在轨运行寿命期内,阴极顶孔长时间受到强烈的离子轰击,钨顶小孔处的材料由于受到溅射腐蚀和高温蒸发而不断扩孔,阴极顶孔的节流能力随之变差,进而影响阴极管及阴极顶孔和触持极板之间的气压,以及其在点火瞬间引出的电子数量,而这可能会影响霍尔电推进系统的点火可靠度。

综上所述,尽管导致霍尔推力器寿命期内的参数发生退化的因素有很多种,但某些可以通过前期的优化设计得到保障,在寿命期内发生退化且可能影响霍尔推力器点火可靠度的因素主要有两个方面:一方面,霍尔推力器放电通道出口附近在高能离子的轰击下受到溅射腐蚀,从而导致放电通道的形貌变化;另一方面,强

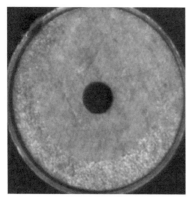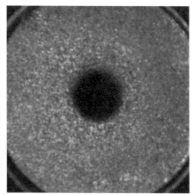

(a) 未点火时的钨顶外侧照片　　(b) 10000次点火后的钨顶外侧照片

图 8-11　10 000 次点火前后阴极小孔直径的变化特性[20]

烈的电离和较强的离子轰击效应导致空心阴极顶孔腐蚀扩孔。因此,需要在地面环境中对这些情况进行模拟研究,评估这些参数退化对点火可靠度的影响,为霍尔推力器寿命期内在轨点火参数的调整提供理论和实验参考。

8.4.2　放电通道形貌退化对点火可靠度的影响

为了研究推力器放电通道形貌的变化对点火可靠度的影响,通过实验测量了不同放电通道形貌下的推力器点火可靠度变化曲线。由于霍尔推力器的在轨服役时间通常为上万小时,如果严格地在寿命期内进行实验,将会花费巨大的时间和经济成本。因此,本书在不改变其他参数的情况下,通过采用变放电通道倾角的方法来模拟霍尔推力器放电通道形貌的变化,分别在放电通道倾角为 0° 和 30° 两个工况下定性评估霍尔推力器的点火可靠度,两种推力器放电通道形貌变化的示意图如图 8-12 所示。

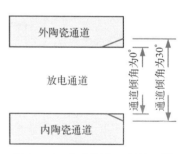

图 8-12　寿命期内两种推力器放电通道形貌变化示意图

不同放电通道形貌下霍尔推力器的点火可靠度如图 8-13 所示。其中阳极流量为 45 sccm,励磁电流为 2.5 A,阴极流量为 3 sccm,加热电流为 7.4 A,点火电压为 250 V。从图中可以看出,在其余点火参数不变的情况下,当阳极电压高于 90 V 时,寿命期内放电通道形貌的退化对于推力器的点火可靠度没有什么明显的影响。造成这种现象的原因可能有以下两个方面:第一,当点火参数较高时,放电通道形貌的退化对点火可靠度的影响非常小,不是主要的影响因素;第二,实验测量次数较少,无法实现真正的识别。

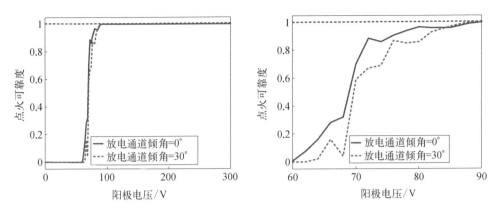

图 8 - 13 放电通道形貌退化对霍尔推力器点火可靠度的影响

尽管在每个工况点上都进行了 100 次点火实验,但是可能需要更多的实验测量才能观察到放电通道形貌的退化对点火可靠度的明显影响,如 1 000 次甚至更多次。而当阳极电压为 58~90 V,霍尔推力器放电通道的倾角从 0°改变为 30°时,其点火可靠度出现了明显的下降,说明当推力器的点火参数较低时,放电通道形貌的退化对推力器点火可靠度的影响效果比较明显。因此,在寿命期内,如果要抵消或避免放电通道形貌的变化对点火可靠度的影响,选择点火参数时应留有一定的裕度,从而确保推力器在轨点火的可靠性。

8.4.3 瞬态过程对阴极顶孔径退化过程的影响

众多研究结果表明,阴极的可靠性对于整个霍尔电推进系统来说是至关重要的。如果阴极在所设定的工作时间之前提前发生退化或失效,那么霍尔推力器的点火可靠度也将受到显著影响,甚至导致点火失效,因此需要尽可能准确地评估和测试阴极寿命。尽管目前很多研究人员对阴极工作寿命进行了很多实验测试和理论模型预测,但是在实验过程中,阴极的放电电流几乎是稳定的,在实际的阴极和霍尔推力器耦合工作过程中,由于电离不稳定引起的放电低频振荡,放电电流的振荡幅值为放电电流平均值的 50%~100%,频率为 10~40 kHz。阴极与推力器耦合放电时,放电低频振荡的存在使得在阴极独立寿命实验中测得的阴极工作寿命与真实工作情况存在显著的差异。

基于此,本节介绍一种新型阴极寿命测试外回路,在阴极单独进行寿命测试时模拟阴极和霍尔推力器一起工作时的放电电流振荡。目前,霍尔电推进主要执行单一的工作任务,如南北位置保持等,阴极主要以定点工作为主。因此,分别在传统阴极寿命测试回路和新型阴极寿命测试回路下各进行了 80 h 的寿命实验,并给出不同寿命实验下的阴极顶孔腐蚀情况。

图 8-14(a)所示为阴极进行独立寿命测试的传统外部电路,在该回路下,阴极的放电电流几乎是稳定的。为了保证阴极进行寿命测试时的放电电流振荡与实际(阴极和霍尔推力器耦合工作)时的情况相似,可以采用如图 8-14(b)所示的阴极测试外回路,在该测试回路中有交流功率信号源、电阻 R 和电容 C 及两个电感器(L₁ 和 L₂)。其中,交流功率信号源可以提供一个 5~100 kHz 的频率可调的交流电流信号,将其和简单的 LRC 谐振电路进行串联(该 LRC 谐振电路包括电阻 R、电容 C 和电感器 L₂)。其中,交流功率信号源的输出功率为 f_0,LRC 谐振电路的谐振频率 f_{LRC} 可以由式(8-2)计算得到:

$$f_{LRC} = \frac{1}{2\pi\sqrt{L_2 C}} \tag{8-2}$$

当交流信号源的输出频率 f_0 与 LRC 谐振电路的谐振频率 f_{LRC} 非常接近时,交流信号源的振荡信号就会扰动到放电回路中,放电电流产生振荡。可以通过调节交流信号源的输出频率或 LRC 谐振电路的电感器(L₂)和电容参数来改变该电路电流的振荡频率。在这个新的外回路中,取电感 $L_2 = 0.4$ mH,如果假设阴极放电电流的振荡频率为 25 kHz,那么可以由式(8-2)计算出 LRC 谐振电路中电容值 $C = 0.1$ μF。同时,在电路中发生串联谐振时,可以通过式(8-3)计算电路的阻抗:

$$|Z| = \sqrt{R^2 + (X_L - X_C)} = R \tag{8-3}$$

式中,$X_L = 2\pi f_{LRC} L_2$,为电感器 L₂ 的感抗;$X_C = 1/2\pi f_{LRC} C$,为电容的容抗;R 为阻抗。

当 X_L 与 X_C 相同时,电路的阻抗最小,并且等于电阻值 R。当交流信号源的输出电压 U 确定时,可以通过式(8-4)所示计算出电路发生谐振时的放电电流最大值 I:

$$I = \frac{U}{R} \tag{8-4}$$

随后,产生的振荡电流就会被扰动到放电回路中,从而使得阴极独立进行寿命测试时的放电电流产生相同的频率振荡。值得注意的是,由于放电电源和阴极引起的电路电阻较小,电感器 L₁ 的感抗必须足够大,确保 LRC 串联谐振电路产生的大部分交流信号可以进入由阴极支路。另外,可以调整电感值 L_2 和电容的参数,但是其谐振频率必须与交流电源提供的输出频率相同或非常相近。同时,电阻器的电阻值 R 不应太大或太小。当电阻较大时,形成的串联谐振电路阻抗太大,无法增强电路中的谐振电流信号。当电阻较小时,电感值 L_2 和电容两端的电压太大,这可能导致电感线圈和电容发生击穿。由于本节使用的电源信号源的输出功率为

50 W,新外部电路模拟的放电电流的振荡幅度约为 3 A,LRC 串联谐振电路中的电阻值 R 设为 5 Ω。

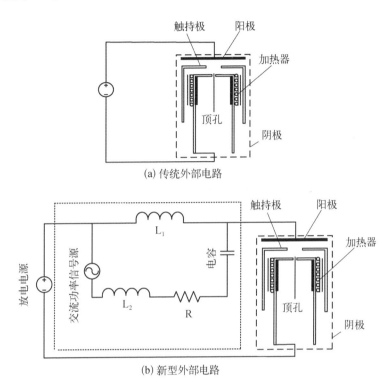

(a) 传统外部电路

(b) 新型外部电路

图 8-14　阴极独立寿命实验中的传统和新型外部电路示意图

通过调节交流信号源的输出频率和电压,可以改变放电电流的振荡频率和幅度,在独立进行寿命测试期间可以获得与阴极和霍尔推力器耦合放电时类似的电流振荡环境,因此在寿命测试期间获得的阴极寿命评估数据将更加可靠,利用该阴极进行的霍尔推力器点火可靠度测试也将更加可靠。

图 8-15 显示了传统外部回路和新型外部回路下阴极放电电流的振荡特性,此时新型外回路中的参数如下:$L_1 = 6$ mH、$L_2 = 0.4$ mH、$C = 0.1$ μF、$R = 5$ Ω,交流信号源的频率和功率分别为 25 kHz 和 50 W。从图 8-15 中可以看出,在传统的外部电路下,阴极的放电电流是稳定的,而使用新型外部电路时,放电电流的振荡频率和峰值分别为 25 kHz 和 2.7 A,与霍尔推力器在阳极电压为 350 V 和阳极流量为 30 sccm 的工况下测得的稳态放电电流振荡频率和峰值相当。

为了验证和比较新型外部回路对阴极顶孔口腐蚀的影响,采用 LaB$_6$ 空心阴极在不同外部电路下进行寿命测试,其中阴极流量为 3 sccm,放电电流为 3 A。首先,在传统的外部电路上,阴极工作 80 h,并显微镜观察阴极顶孔的形态,每 20 h 用体

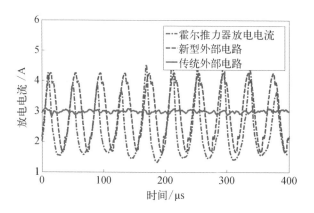

图 8-15 不同外部电路下的阴极放电电流随时间的变化特性

视显微镜[21]记录一次。在保持其他条件不变的情况下,在新型外部回路上再进行 80 h 阴极顶孔口腐蚀测量。图 8-16(a)表示阴极在传统外部电路上测试 0~80 h, 图 8-16(b)表示阴极在新型外部电路上测试 80~160 h,其中(b₁)中阴极顶孔的 初始形态与(a₅)相同,图中黑色部分的轮廓显示了寿命测试过程中不同时间的阴 极顶孔的形态。为了更好地比较两个不同的外部电路对阴极顶孔腐蚀的影响,图 8-16 中的所有白色圆形部分都填充网格图案,并且仅观察和比较了外部黑色轮廓 的变化特性。随着阴极寿命测试时间的逐渐增加,阴极顶孔的面积也增大。为了 进一步比较两个不同的外部电路对阴极顶孔口形态的影响,在寿命测试过程中计 算了不同时间阴极顶孔口的面积。由于阴极顶孔的形态是从体视显微镜取得的,

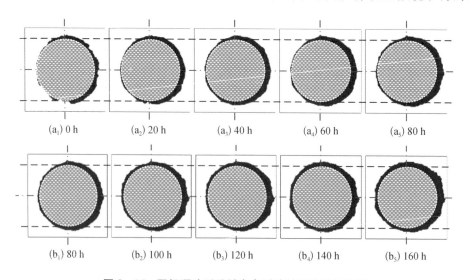

图 8-16 阴极顶孔形貌随寿命测试时间的变化情况

此时的阴极顶孔面积由与阴极顶孔的形态相对应的像素数量化表征(图8-16中黑框部分所包含的面积)。

在不同外部电路下,阴极顶孔面积与寿命测试时间的关系如图8-17所示,从图中可以看出,在两个不同的外部电路下对阴极进行独立寿命测试时,阴极顶孔面积随测试时间的增加而增大,但两种趋势是不同的。在传统外部电路中,随着寿命测试时间的增加,阴极顶孔面积的增长率先增大然后逐渐减小,逐渐趋于稳定。工作80 h后,改用新型外部电路后,在80~160 h的实验中,阴极顶孔腐蚀增长率近似呈线性增加,说明阴极与推力器耦合放电下的放电振荡会导致阴极顶孔腐蚀率大于阴极独立工作时的腐蚀率,放电振荡是阴极单独寿命实验中不可忽略的重要因素,新型放电外回路更有利于对阴极寿命的有效评估。

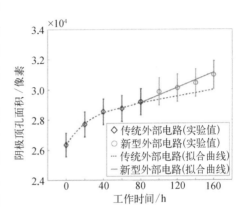

图8-17 阴极顶孔面积随寿命测试时间的变化特性

8.4.4 阴极顶孔径退化对点火可靠度的影响

通过前面的介绍,了解到目前对阴极顶孔腐蚀随霍尔电推进系统工作时间变化的评估仍不够准确,而且霍尔推力器在轨长时间的工作过程中,阴极需要经历几千次甚至是上万次的点火启动和长时间的稳态工作。阴极顶孔面积随着霍尔推力器在轨运行时间的增加而逐渐变大,可以认为在相同的阴极流量下,阴极内部的气压发生了下降,可以近似用降低的阴极流量实验来进行等效评估。因此,本节主要通过不同阴极流量下的霍尔推力器点火可靠度的变化情况来体现阴极顶孔径退化对点火可靠度的影响。

阴极流量分别为1.5 sccm、2 sccm和3 sccm时霍尔推力器点火可靠度的变化特性如图8-18所示,其中阳极流量为45 sccm、励磁电流为2.5 A、加热电流为7.4 A、点火电压为250 V。从图中可以看出,阴极流量的变化对于霍尔推力器的点火可靠度几乎没有什么影响。当阴极流量低于1.5 sccm时,霍尔推力器无法点火工作。因此,在有限的点火次数下,

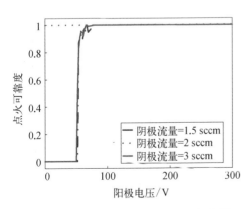

图8-18 阴极顶孔径退化对霍尔推力器点火可靠度的影响

并未从实验中发现阴极顶孔径退化对推力器的点火可靠度有着明显的影响。只有当阴极性能接近无法工作时,才会使霍尔推力器的点火可靠度显著降低。也就是说,在霍尔推力器的寿命期内,尽管阴极的孔径会发生退化,但是只要不影响阴极的放电性能,就不会对霍尔推力器的点火可靠度产生明显的影响。同时也表明,根据本章所提出的方法来选定点火参数,可以有效应对寿命期内阴极顶孔径退化对点火可靠度的影响。

8.5　点火可靠度提升方法

8.5.1　点火参数的优化选择对点火可靠度的提升

在进行霍尔推力器点火参数优化选择的过程中,要在保证推力器可靠点火的同时尽可能降低点火脉冲电流。因此,本节主要讨论点火可靠度与点火冲击的受影响因素,以及各影响因素的影响效果,从而寻求点火可靠度和点火冲击之间的平衡,合理优化点火参数。点火冲击和点火可靠度在一定程度上是存在矛盾的,若点火参数较高,例如,选择较高的阳极电压,在提升点火可靠度的同时就会使点火冲击电流增大。而对于一个固定构型的推力器,可以通过点火可靠度和点火冲击进行半量化分析,评估点火可靠度与点火冲击之间存在的设计矛盾,根据两者的矛盾点,从工程中分析点火可靠度的视角来考虑提高点火可靠度的方法,最后根据实验数据,以参数组合的形式给出合理的点火参数优化方向。

1. 点火可靠度半量化分析

由前述章节分析可知,推力器点火启动过程是一个复杂的物理过程,对于任一型号的推力器,点火启动过程中都会存在参数匹配问题,只有选择合适的点火参数,推力器才能点火成功。推力器的点火参数既包括宏观放电参数又涉及点火回路参数及滤波单元参数,为了最大限度地确保推力器点火成功同时减小点火冲击,需要权衡各个参数对点火可靠度和点火冲击的影响,合理优化点火参数。

基于第6章点火前暗电流的实验分析,点火前暗电流随励磁电流的变化速率大于其随阳极电压的变化速率,同时实验结果表明,只有当励磁电流(表征磁场强度)减小到某一值时,放电回路中才会有暗电流,推力器才有可能点火。因此,针对推力器点火可靠度和点火冲击问题,设定以点火时刻励的磁电流作为衡量推力器点火可靠度的基准参数,评估各参数对点火可靠度的影响效果。

理论上,励磁电流越大,磁场强度越大,磁场对电子约束作用越强,电子在通道内越难与中性原子碰撞,实现气体击穿。因此,励磁电流越大,推力器点火成功的概率越小。同时,相同条件下点火时刻对应的励磁电流较大时,意味着推力器在强磁场条件下也能成功点火,即推力器点火时,励磁电流的调节范围变大,推力器点火成功概率变大,点火可靠度提高。

　　根据 6.1 节中的点火启动边界实验数据,通过半量化分析比较阳极电压和阳极流量对点火可靠度的影响程度。阳极流量不变时,点火时刻励磁电流随阳极电压的变化规律如图 8-19 所示,从图中可以看出,点火时刻励磁电流随阳极电压的增加而呈线性增加,不同阳极流量下,拟合曲线的斜率基本一致,因此可以以某一固定阳极流量为例进行分析,根据阳极流量为 40 sccm 的实验数据得到点火时刻励磁电流与阳极电压存在如下关系:

$$I_m = 0.063 \times U - 9.7 \qquad\qquad (8-5)$$

式中,I_m 表示点火时刻励磁电流,A;U 表示阳极电压,V。

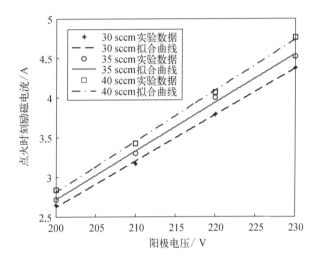

图 8-19　点火时刻励磁电流随阳极电压的变化规律

　　由拟合关系式(8-5)可知,该阳极流量下,点火时刻励磁电流对阳极电压的变化率为 0.063,即阳极电压每降低 1 V,励磁电流需要减小 0.063 A,才能保证推力器可靠点火。

　　固定阳极电压,点火时刻励磁电流随阳极流量的变化规律如图 8-20 所示,由图可知,点火时刻励磁电流与阳极流量也基本符合线性关系,不同阳极电压下线性拟合曲线的斜率基本一致,因此可以以某一阳极电压为例进行分析,当阳极电压为 200 V 时,点火时刻励磁电流与阳极流量的线性拟合关系式如下:

$$I_m = 0.023 \times m_a + 1.9 \qquad\qquad (8-6)$$

式中,m_a 表示阳极流量,sccm。

　　式(8-6)显示,点火时刻励磁电流对阳极流量变化率为 0.023,即阳极流量每降低 1 sccm,点火时刻的励磁电流就会损失 0.023 A。

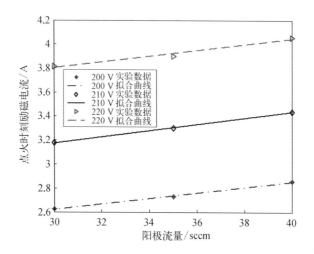

图 8-20　点火时刻励磁电流随阳极流量的变化规律

2. 点火冲击半量化分析

霍尔推力器点火启动前,推力器通道内部必然充满工质,导致初始电离的激增,推力器点火启动过程中会不可避免地出现一个持续时间为几十微秒、峰值为百安培量级的冲击电流。由第 5 章点火冲击电流的论述可知,推力器点火启动过程中,推力器侧和电源侧的点火冲击电流不仅与宏观放电参数有关,还与滤波单元参数有关,并且点火启动过程中,励磁电流的变化对点火冲击电流基本没有任何影响,阳极电压和阳极流量才是点火冲击的敏感参数,点火冲击电流峰值随阳极电压和阳极流量的增大而增大。同时,考虑到推力器滤波单元参数在轨应用时基本不变,因此应着重考虑阳极电压和阳极流量对点火冲击电流的影响,比较分析实验结果,评价阳极电压和阳极流量对点火冲击电流的影响程度,给出降低点火冲击的合理优化方向。

图 8-21 给出了推力器点火实验中,阳极流量为 42.8 sccm、励磁电流为 3.4 A,阳极电压分别为 200 V、260 V、300 V、350 V 时,电源侧和推力器侧点火冲击电流峰值的实验数据和线性拟合数据。由图可知,阳极电压增加时,电源侧和推力器侧点火冲击电流峰值相应增大,推力器侧的点火冲击电流峰值随电压的变化率略大于电源侧。

由图 8-22 可知,阳极电压为 260 V、励磁电流为 3.4 A 时,电源侧点火冲击电流峰值和放电电流脉冲峰值随阳极流量的增加而线性增加。图中拟合曲线及拟合关系式显示,推力器侧点火冲击电流峰值随阳极流量的变化率较小,大约为电源侧变化率的 1/6。

对比发现,降低阳极流量和阳极电压均可以降低推力器侧和电源侧点火冲击

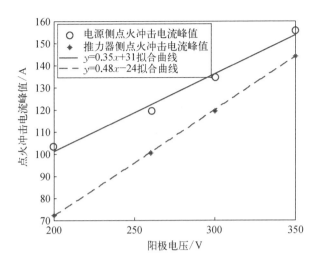

图 8 - 21　点火冲击电流峰值随阳极电压的变化规律

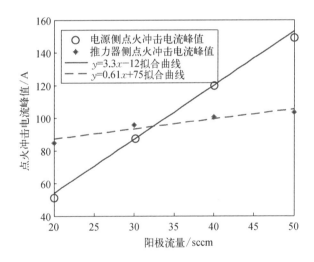

图 8 - 22　点火冲击电流峰值随阳极流量的变化规律

电流峰值,效果基本相同,但阳极流量对电源侧点火冲击电流峰值的影响远大于阳极电压对其的影响。因此,如果以电源侧点火冲击电流峰值作为衡量参数变化后点火冲击的变化参数,以该实验结果为例,电源侧点火冲击电流峰值对阳极电压的变化率为 0. 35,对阳极流量的变化率为 3. 3。由此可得,减小电源侧点火冲击电流峰值的最优途径是降低阳极流量。

3. 点火参数优化分析

霍尔推力器点火启动过程中存在点火可靠度和点火冲击问题,并且两者均与放电参数密切相关,总结前两节放电参数对其的影响,见表 8 - 1。

表 8 - 1   放电参数变化对点火启动过程的影响

参 数 变 化	点 火 可 靠 度	推力器侧点火冲击电流峰值	电源侧点火冲击电流峰值
降低阳极电压	降低	减小	减小
降低阳极流量	降低	减小	减小

由表 8 - 1 可知,改变推力器自身宏观放电参数只能解决点火启动过程中点火可靠度和点火冲击存在设计矛盾的问题,若要通过提高放电参数来提高点火可靠度,则必然会增大点火冲击,若要通过降低放电参数来减小点火冲击,则在低放电参数下不能确保点火成功。因此,应该权衡改变放电参数的利弊,保证推力器在一个合理的放电参数下既能成功点火,又能减小点火冲击。

参考上述实验结果,对于阳极电压,每降低 1 V,电源侧点火冲击电流峰值就会降低 0.35 A,点火时刻励磁电流降低 0.063 A,将点火冲击电流峰值降低值视为参数变化的增益结果,将点火时刻的励磁电流降低值视为参数变化的损失结果,则增益与损失的比值为 5.6。同理,单位阳极流量下,电源侧点火冲击电流峰值变化 3.3 A,点火边界励磁电流变化 0.023 A,增益与损失的比值为 143,大约为单位阳极电压下增益损失比值的 26 倍。这表明,若只改变宏观放电参数,理论上,减小阳极流量可以最大限度地保证点火可靠度,同时有效减小电源侧点火冲击,是点火启动参数优化的首要选择方向。

这里需要强调的是,本书中介绍的只是一种利用数量相对关系确定的定性分析方法,可指导一个总体方向,在实际工程应用中,需要综合考虑点火可靠度和点火冲击来确定最终的点火参数,不能盲目追求推力器单机点火的高可靠度而大幅提高点火参数,避免因点火冲击过大而导致整个推进系统的可靠度降低。

8.5.2　外部回路改进对点火可靠度的提升

当一款霍尔推力器的工程样机要进行在轨应用时,要尽可能地提高其点火可靠度。增大霍尔推力器的点火参数可以有效地提高其点火可靠度,但同时也会在点火瞬间形成较大的点火冲击电流,这需要在实际应用中尽可能地避免。前面的实验结果显示,霍尔推力器的点火过程不仅与阳极电压等点火参数紧密相关,而且外部的点火回路也会对推力器的点火过程产生重要的影响。图 1 - 6 所示为霍尔推力器传统点火回路,现有的点火方式中,闭合放电电源后,向滤波模块中的电容 C_1 充电,但是无法直接在阴极触持极和负极之间形成一个电场来引出电子,需要单独通过一个附加的高压点火电源和一个可控的点火开关 S_1 给阴极的触持极施加高压,将霍尔推力器点着,存在高压电源技术复杂、电源占用空间装置的有效载荷质量和体积大的缺点。

　　针对上述缺点,本节在综合考虑推力器点火过程后给出一种新型点火回路,如图 8 – 23 所示。该新型点火回路可以在闭合放电电源开关 S_1 后同时对电容 C_1 和 C_2 充电,然后闭合点火开关 S_2,电容 C_2 会快速对限流电阻 R_3 放电,在阴极触持极与负极之间建立电场,引出电子。同时,电容 C_2 上多余的电能会通过二极管 D 施加在推力器阳极上,电容 C_1 也会向阳极放电,因此在推力器的阳极与阴极之间产生的电场强度高于传统点火回路。当从阴极引出的电子在该电场中获得足够的能量时,其与氙原子碰撞形成雪崩电离,推力器点火成功。

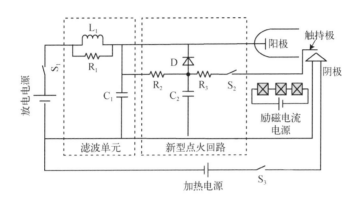

图 8 – 23　新型点火回路

　　采用传统点火回路和新型点火回路时,霍尔推力器点火可靠度随阳极电压的变化特性如图 8 – 24 所示,其中励磁电流为 2.5 A、阳极流量为 45 sccm、阴极加热电流为 7.4 A、阴极流量为 3 sccm。从图中可以看出,与传统点火回路相比,采用新型点火回路可以大幅度提升霍尔推力器的点火可靠度。当采用传统点火回路时,霍尔推力器的临界阳极电压为 96 V,而采用新型点火回路后,霍尔推力器的临界阳极电压显著降低,为 62 V。在相同的点火参数下,新型点火回路的点火裕度显著高于传统点火回路。

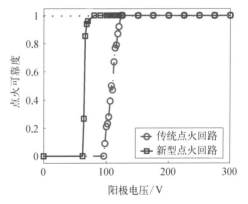

图 8 – 24　新型点火回路和传统点火回路下霍尔推力器点火可靠度随阳极电压的变化特性

　　为了进一步对比两种点火回路对推力器点火可靠度的影响,通过实验测量了不同励磁电流和不同阳极流量下两种点火回路中推力器的临界点火电压,如图 8 – 25 所示,其中虚线表示新型点火回路,实线表示传统点火回路。从图中可以看出,在其余点火参数不变的情况下,与传统点火回路相比,在新型点火回路下,霍尔推力器的临界点火电压显著降低,并且随着励磁电流逐渐增大和阳极流量逐渐降低,这种降低的效果更加明显,这也表明采用新型点火回路可以有效地拓宽点火参数的边界,从而提高点火可靠度。

图 8-26 所示为新型点火回路和传统点火回路下的点火冲击电流峰值。从图中可以看出,与传统点火回路相比,采用新型点火回路后,点火冲击电流峰值并没有产生较大的改变,而且对于点火冲击电流峰值的波动性也几乎没有影响。

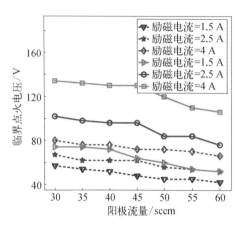

图 8-25   新型点火回路和传统点火回路   图 8-26   新型点火回路和传统点火回路下
下的推力器临界点火电压对比   的点火冲击电流峰值对比

综上所示,采用新型点火回路不但能显著提高霍尔推力器的点火可靠度,降低霍尔推力器的临界点火电压,在较高的励磁电流和较低的阳极流量下实现推力器成功点火,而且不会引起点火冲击电流峰值的增大。同时,采用新型点火回路可以避免传统点火回路中高压点火电源的缺点,减小质量和体积的限制,有一定的应用价值,也为提高推力器的点火可靠度提供了一种新思路。

参考文献

[1] 韩亮.磁聚焦霍尔推力器放电稳定性研究[D].哈尔滨:哈尔滨工业大学,2017.

[2] 鄂鹏,段萍,魏立秋,等.真空背压对霍尔推力器放电特性影响的实验研究[J].物理学报,2010,59(12):8676-8684.

[3] Walker M R, Victor A L, Hofer R R, et al. Effect of backpressure on ion current density measurements in hall thruster plumes[J]. Journal of Propulsion and Power, 2005, 21(3):408-415.

[4] 耿少飞,唐德礼,赵杰,等.圆柱形阳极层霍尔等离子体加速器的质点网格方法模拟[J].物理学报,2009,58(8):5520-5525.

[5] 高亮.航天电连接器空间环境可靠性实验与评估的研究[D].杭州:浙江大学,2012.

[6] Warner N Z, Martinez-Sanchez M. Design and preliminary testing of a miniaturized TAL Hall thruster[C]. Sacramento: 42nd AIAA/ASME/SAE/ASEE Joint Propulsion Conference and Exhibit, 2006.

[7] Morozov A I. The conceptual development of stationary plasma thrusters [J]. Plasma Physics Reports, 2003, 29(3): 235 − 250.

[8] Kozubskii K N, Murashko V M, Rylov Y P, et al. Stationary plasma thrusters operate in space [J]. Plasma Physics Reports, 2003, 29(3): 251 − 266.

[9] Arkhipov B, Koryakin A, Murashko V, et al. Transients during stationary plasma thruster start-up[C]. Cannes: ESA SP, 2000.

[10] 韩轲.自励模式霍尔推力器的实验和理论研究[D].哈尔滨:哈尔滨工业大学,2012.

[11] Zhurin V V, Kaufman H R, Robinson R S. Physics of closed drift thrusters[J]. Plasma Sources Science and Technology, 1999, 8(1): 1 − 20.

[12] Morozov A I, Bugrova A I, Desyatskov A V, et al. ATON-thruster plasma accelerator[J]. Plasma Physics Reports, 2000, 23(7): 587 − 597.

[13] Raitses Y, Staack D, Dunaevsky A, et al. Operation of a segmented Hall thruster with low-sputtering carbon-velvet electrodes[J]. Journal of Applied Physics, 2006, 99(3): 036103.

[14] Fruchtman A, Fisch N J, Raitses Y. Control of the electric-field profile in the Hall thruster[J]. Physics of Plasmas, 2001, 8(3): 1048 − 1056.

[15] Conversano R, Hofer R, Mikellides I, et al. Magnetically shielded miniature Hall thruster: design improvement and performance analysis[C] Kobe: 34th International Electric Propulsion Conference, 2015.

[16] 张旭.高比冲霍尔推力器设计中的关键问题研究[D].哈尔滨:哈尔滨工业大学,2017.

[17] Vial V, Duchemin O. Optimization of the PPS® X000 − technological demonstrator for high isp operation [C]. Denver: 45th AIAA/ASME/SAE/ASEE Joint Propulsion Conference and Exhibit, 2009.

[18] Grimaud L, Mazouffre S. Ion behavior in low-power magnetically shielded and unshielded Hall thrusters[J]. Plasma Sources Science and Technology, 2017, 26(5): 055020.

[19] Brophy J, Gaener C. Tests of high current hollow cathodes for ion engines[C]. Boston: 24th AIAA/ASME/SAE/ASEE Joint Propulsion Conference and Exhibit, 1988.

[20] 欧阳磊.无热子空心阴极启动过程研究[D].哈尔滨:哈尔滨工业大学,2016.

[21] Li W B, Li H, Ding Y J, et al. An experimental setup for hollow cathode independent life test simulating Hall thruster discharge current oscillations[J]. Advances in Space Research, 2018, 62: 2551 − 2555.